乡村振兴·高素质农民培育系列丛书

大豆绿色高效生产与病虫害防治

闫雪梅　郝晓威　李　娜　主编

内蒙古科学技术出版社

图书在版编目（CIP）数据

大豆绿色高效生产与病虫害防治 / 闫雪梅，郝晓威，李娜主编 . -- 赤峰：内蒙古科学技术出版社，2024. 7.（乡村振兴 · 高素质农民培育系列丛书）. -- ISBN 978-7-5380-3723-4

Ⅰ. S565.1；S435.651

中国国家版本馆 CIP 数据核字第 2024VQ6023 号

大豆绿色高效生产与病虫害防治

主　　编：闫雪梅　郝晓威　李　娜
责任编辑：马洪利
封面设计：光　旭
出版发行：内蒙古科学技术出版社
地　　址：赤峰市红山区哈达街南一段4号
邮购电话：0476-5888970
印　　刷：涿州汇美亿浓印刷有限公司
字　　数：125千
开　　本：710mm×1000mm　1/16
印　　张：8
版　　次：2024年7月第1版
印　　次：2024年7月第1次印刷
书　　号：ISBN 978-7-5380-3723-4
定　　价：32.80元

如有印装质量问题，请与我社联系。电话：0476-5888926　5888917

《大豆绿色高效生产与病虫害防治》

编 委 会

主　编　闫雪梅　郝晓威　李　娜

副主编　辛少彬　吕美宏　王　永　李宁波　杨继峰
杨晓慧　郑德益　朱玉梅　谢国荣　周　丹
李梦龙　刘兴娥　郭泽伟　赵萍霏　王振红
闫萍萍　邱士芬　郭宗平　方兆武　刘远振
张　丁　江　滨　李　倩　张景臣　唐必宏

编　委　张　娜　马博蕊　才　博　姚吕富　蔺玉军
刘彦利　徐思远　甘　琴

大豆变“金豆”
丰产不用愁
码上学习
防害必杀技
防害有妙招，培育健康饱满好大豆
农技云讲堂
看农技视频，老师带你科学育豆
掌上育种经
电子微阅读，收获种豆新技能
量产大丰收
学习量产新技能，待丰收金满田间

前　言

PREFACE

在乡村振兴战略背景下，农业产业结构优化与绿色生产转型成为我国现代农业发展的重要方向。大豆作为我国重要的粮食作物和油料作物，其生产效率的提升与病虫害的有效防治不仅关乎国家粮食安全与食用油脂供应，更对农民增收、农村生态环境保护以及农业可持续发展具有深远意义。为此，我们精心编撰了《大豆绿色高效生产与病虫害防治》一书，旨在为从事大豆种植的广大农民朋友提供科学、实用的指导资料，助力乡村振兴中大豆产业的高质量发展。

全书共分为八章，内容包括大豆栽培概况、大豆的植物学特性、大豆高产栽培技术要点、夏大豆免耕栽培技术、菜用大豆高产高效栽培技术、大豆玉米带状复合种植技术、大豆病虫草害防治技术和生长异常及缺素症状防治。本书系统梳理了大豆生产的关键环节与病虫害防治技术，力求贴近农业生产实际，注重技术的可操作性和绿色可持续性，立足于服务乡村振兴，提升农民的大豆种植技术水平与绿色生产意识。

由于时间仓促，加之编者水平和能力有限，书中难免存在错误或不足之处，诚望广大读者批评指正。

编　者

2024年2月

目　录

CONTENTS

第一章

大豆栽培概况

跟"码上"查看

防害必杀技

量产大丰收

农技云讲堂

掌上育种经

第一节 大豆栽培简史

一 大豆的发展

1. 栽培起源

我国被认为是大豆的原产地，这一观点已被世界广泛接受。考古证据和古代文献均支持这一结论。

考古发现：2013 年，考古学家在河南省的多个遗址中发现了距今约 8 000 年至 8 500 年的野生大豆遗存，这些发现将大豆的食用历史追溯到了新石器时代的仰韶文化和河姆渡文化时期。

古代文献：《诗经·大雅·生民》中对后稷发展农业生产的描述中提到了“艺之荏菽，荏菽旆旆”。这里的“荏菽”后来被证实为大豆，表明最晚在公元前 2000 年左右，大豆已经在中国被种植并且生长繁茂。《毛传》与《郑笺》进一步确认了“荏菽”即“戎菽”，即今日所说的大豆。

2. 历史发展

早期历史：大豆在中国古代被视为“五谷”（麻、黍、稷、麦、菽）之一，在商代甲骨文中已有“大豆”的记载，而《史记》中提到的黄帝时期“艺五种”中包括了“菽”，即大豆，表明大豆在中华文明早期即已作为重要农作物被栽培。

3. 传播与扩散

亚洲传播：大约在公元前 1000 年至公元 1000 年间，大豆种植技术通过文化交流、贸易往来等方式传播到朝鲜半岛、日本、印度、越南等地，成为这些地区的重要农作物。

跨洲传播：18 世纪，大豆被引入欧洲。19 世纪中叶，随着全球贸易的发展和移民潮，大豆被带到了美洲。特别是在美国，由于其适应性广、营养丰富和用途广泛，很快被广泛种植，美国中部的草原地带形成了庞大的大豆种植产业。

4. 近代与现代发展

随着科技的进步，大豆的种植、加工和利用发生了重大变革。

品种改良：20 世纪以来，科研人员通过杂交育种、基因工程等手段，培育出一系列高产、抗病虫、适应不同环境条件的大豆品种，显著提高了大豆的产量和品质。

机械化生产：现代农业机械的普及使得大豆种植、收割、脱粒等过程实现了机械化，大大提高了生产效率，降低了劳动强度。

产业链拓展：大豆不仅是重要的粮食作物和油料作物，其副产品如豆粕、豆油广泛应用于食品工业、饲料工业和生物燃料等领域。此外，大豆蛋白、大豆异黄酮、大豆卵磷脂等提取物在医药、保健品、化妆品等行业得到广泛应用，形成了庞大的大豆产业链。

全球贸易格局：随着全球大豆贸易的增长，中国、美国、巴西、阿根廷等国成为全球大豆的主要生产国和出口国，而亚洲其他国家和地区则成为主要的进口市场。中国虽然拥有悠久的大豆种植历史，但由于消费需求增长迅速，特别是近年来对动物饲料用豆粕的需求不断增加，使得中国成为全球最大的大豆进口国。

综上所述，大豆起源于中国，历经数千年的栽培历史，不仅在东亚地区扎下了深厚的根基，还成功跨越地理边界，传播到世界各地，成为全球最重要的经济作物之一，并在现代农业和全球食品体系中扮演着至关重要的角色。

二 世界大豆生产现状

全球大豆产量在近年来持续增长。2023/2024 年度全球大豆产量预计达到 4.01 亿 t，较上年度增加 0.31 亿 t，主要得益于巴西、美国、阿根廷和中国等主产国的大豆产量增长。这些国家的大豆产量占全球总产量的绝大部分，其中美国、巴西和阿根廷三国的大豆产量已占世界大豆总产量的 80%。

有关资料显示，2022/2023 年度全球大豆产量 3.70 亿 t。其中，巴西、美国、阿根廷大豆产量分别为 1.56 亿 t、1.16 亿 t、2 500 万 t。2023/2024 年度，全球大豆产量 4.01 亿 t。其中，巴西、美国、阿根廷大豆产量分别为 1.63 亿 t、1.13 亿 t、4 800 万 t。中国是全球最大的大豆买家，预计 2023/2024 年度大豆进口 1 亿 t。

从种植面积来看，2020 年世界大豆种植面积为 19.05 亿亩，总产量达到 3.61 亿 t。而根据美国农业部（USDA）的数据，2021 年全球大豆种植面积为 19.39 亿亩，同比 2020 年增长了 0.34 亿亩，增幅约 1.78%；同年全球大豆产量为 3.74 亿 t，同比 2020 年增长了 0.13 亿 t，增幅约 3.60%。近年来，全球大豆种植面积和产量都在稳步增长。

尽管产量增加，但全球对大豆的需求依然强劲，导致大豆价格在某些时期出现波动。此外，全球大豆库存量在 2021 年有所下降，从 2020 年的约 10 011 万 t 下降到约 8 879 万 t，反映出市场对大豆的需求仍然很高。

目前，世界大豆生产呈现出产量持续增长的趋势，主要生产国包括巴西、美国、阿根廷、中国和巴拉圭等。尽管存在一些挑战，如需求强劲导致的价格波动和库存量的变化，但整体而言，全球大豆产业保持稳定发展态势。

三　我国大豆生产现状

根据国家统计局公告，2023 年，我国大豆播种面积 1 047 万 hm^2，比上年增加 22.7 万 hm^2，增长 2.2%；全国平均单产每公顷 1 991kg，比上年增加 11kg，增长 0.5%；大豆总产量 2 084 万 t，比上年增加 56 万 t，增长 2.8%。这一增长趋势得到了多方面的支持，包括国家大豆振兴计划等政策的强力支持，以及农业农村部推进的国家大豆和油料产能提升工程的支持。

尽管国产大豆产量有所增长，但我国对大豆的需求缺口仍然很大，导致进口量也相对较高。2022 年，我国大豆进口量为 9 108 万 t，而国产大豆产量仅为 2 028 万 t。这表明虽然国产大豆产量在增加，但仍难以完全满足国内需求，需要依赖进口来补充。

此外，我国大豆自给率也在逐步提升。2022 年，大豆自给率约为 18.5%，较上年提高了 3 个百分点。这一提升反映了国产大豆产量的增长和国内消费能力的提高。

我国大豆生产现状呈现出产量和种植面积的稳步增长，以及自给率的逐步提升。国家通过实施相关政策和项目，努力提高大豆产量和自给率，以减少对进口大豆的依赖。然而，由于国内需求较大，短期内完全实现大豆自给可能仍有一定难度。

四　我国大豆栽培分布

我国大豆栽培主要集中在以下几个地区。

1. 东北地区

东北地区包括黑龙江省、吉林省、辽宁省以及内蒙古自治区东部，是全国大豆种植面积最大、产量最高的区域，尤以黑龙江省最为突出。这里土壤肥沃，黑土层深厚，气候温凉湿润，夏季雨热同期，有利于大豆生长。春播大豆是东北地区的主导种植模式，利用春季充足的光温条件和较长的生育期，大豆能充分发育，达到较高的产量水平。

2. 黄淮海地区

黄淮海地区包括河北省、山东省、河南省、安徽省北部以及江苏省北部，是我国夏播大豆的主要产区，通常在小麦收获后利用麦茬地种植大豆，形成粮豆轮作体系，既充分利用土地资源，又能保持土壤肥力。该地区夏季光照充足，但降雨分布不均，对灌溉设施和水分管理要求较高。

3. 长江流域

长江流域包括长江三角洲、江汉平原、湖南、湖北、江西等地，既种植春大豆，也有夏大豆和部分秋大豆。该区域气候温暖湿润，四季分明，大豆种植条件良好。部分地方利用稻田轮作种植大豆，开展"稻豆轮作"模式，有助于改善土壤结构，减少病虫害发生。

4. 南方地区

南方地区包括华南、西南以及江南各省南部，如广东、广西、福建、云南、贵州等地。大豆种植主要采取秋作或多熟制种植模式，利用冬季闲置农田种植大豆，或与其他作物如水稻、玉米等进行套种、间作，以提高土地利用率。南方大豆生产受气候条件限制，种植面积相对较小，但对丰富当地农产品种类、保障粮食安全具有一定作用。

总而言之，我国大豆栽培分布呈现出明显的地域性特征，东北地区以大规模、高产的春播大豆为主，黄淮海地区以夏播大豆为特色，长江流域则兼具春、夏大豆种植，南方地区则利用气候特点进行秋作大豆种植。这些分布格局反映了各地不同的气候条件、土壤类型、农业生产习惯以及市场需求等因素的综合影响。同时，随着农业科技的进步和种植模式的创新，大豆种植分布也在不断调整和完善，以适应气候变化、资源约束和市场变化带来的挑战。

第二节 大豆的营养价值与用途

一 大豆的营养价值

大豆种子含蛋白质40%左右，是最为经济且最具营养的植物蛋白原料。其蛋白质含量是水稻、小麦、玉米等粮食作物的3~6倍，而且大豆蛋白质所含氨基酸完全，属于平衡性良好的蛋白质，其中含有人体必需的八种氨基酸。人体必需氨基酸有赖氨酸、蛋氨酸、亮氨酸、异亮氨酸、苏氨酸、缬氨酸、色氨酸、苯丙氨酸，这八种氨基酸不能由人体自身合成，必须从食物中摄取。大豆蛋白质的赖氨酸含量丰富，与动物蛋白质近似，但大豆蛋白质中蛋氨酸含量较低。粮食作物的赖氨酸含量都很低，却含有较多的蛋氨酸。将大豆与粮食作物搭配食用，在营养上可起到互补作用，因而大豆在解决营养问题上具有重要的作用。大豆的营养价值可与肉、蛋、鱼等食物相媲美，是能代替动物性蛋白质的植物产品，素有“植物肉”之称。

大豆是世界上主要的植物油来源，其种子含油率为18%左右，高油品种可在23%以上。大豆油中含有大量的不饱和脂肪酸，并含有少量的维生素A和维生素D，多食用豆油，少吃动物油，可防止因胆固醇升高而引起的心血管疾病。大豆油是一种富含热能的营养素，在人体内的消化率可达97.5%，是优质食用植物油。大豆富含卵磷脂，卵磷脂在人体内的作用关系到神经信息传递，并有除去血管上胆固醇的功能。卵磷脂在体内被水解成胆碱，可促进脂肪代谢，防止脂肪在肝内贮藏。因此，有些国家奶油的消费量逐渐减少，增加了用大豆油或其他植物油制成的“人造奶油”的消费量。

由国家食物与营养咨询委员会等举办的大豆与健康高层研究会提出，树立一个健康新概念——“大豆，21世纪的维生素”。美国食品药品监督管理局（FDA）已于2000年1月将大豆列入健康食品名单，允许在广告上宣传豆制品对人体有健康作用。

二 大豆的用途

大豆作为一种在全球范围内广泛种植的重要经济作物，其用途极为广泛，涵盖了食品、饲料、工业原料、医药等多个领域。

1.食品用途

豆制品：大豆经过加工可制成各种豆制品，如豆浆、豆腐、豆腐脑、豆花、豆腐干、豆腐皮、腐竹等，这些制品富含优质植物蛋白，是大众饮食中的重要蛋白质来源。

烹饪食材：大豆本身可作为烹饪原料，如黄豆炖猪蹄、黄豆芽炒菜、五香黄豆等。晒干的大豆（黄豆）可直接煮熟食用，或经发酵制成豆豉等发酵豆制品。

酱油、豆酱：大豆是制作酱油、豆瓣酱、甜面酱等传统调味品的主要原料，通过发酵工艺可提取其丰富的氨基酸和香味物质。

大豆油：大豆籽粒经压榨可提取大豆油，用于烹饪、烘焙和食品加工。大豆油是全球消费量最大的植物油之一。

休闲食品和零食：利用大豆蛋白的特性制成口感独特、营养丰富的零食，如豆筋、豆皮、大豆蛋白零食等。

大豆蛋白粉、分离蛋白：用于饮料、营养棒、肉类替代品等食品中，作为蛋白质强化剂。

大豆异黄酮、大豆低聚糖：作为功能性食品成分，添加于保健品、营养补充剂中，具有抗氧化、调节激素水平、改善肠道健康等作用。

2. 饲料用途

豆粕：大豆榨油后的副产品豆粕，富含蛋白质、矿物质和微量元素，是畜禽养殖业中重要的饲料原料，对提高家禽家畜的生长性能与饲料转化率至关重要。

3. 工业用途

生物柴油：大豆油可以转化为生物柴油，作为化石燃料的可再生替代能源。

化工原料：大豆油、豆粕等可提取出脂肪酸、甘油等化工原料，用于生产洗涤剂、表面活性剂、涂料、塑料等工业产品。

4. 医药用途

药品原料：大豆含有的异黄酮、皂苷、卵磷脂等化合物具有药用价值，可用于制备治疗心血管疾病、骨质疏松、更年期综合征等疾病的药物。

保健品原料：大豆提取物常被用于生产具有调节血脂、改善记忆、抗衰老等功效的保健品。

5. 其他用途

肥料：豆渣（榨油后的残渣）经处理后可用作有机肥料，改善土壤结构，提供植物所需的营养元素。

生物基材料：大豆蛋白、油脂等可开发为生物基塑料、胶粘剂、涂料等环保型材料。

综上所述，大豆凭借其丰富的营养价值、优良的加工特性和广泛的生物活性物质，不仅在人类饮食中占据重要位置，也是饲料、工业、医药等领域不可或缺的原料，展现了极高的经济价值和应用潜力。

三 大豆栽培发展前景

大豆作为一种重要的农作物，不仅富含多种营养元素，具有较好的食用价值，而且在国家粮食安全和农业可持续发展中占有重要地位。近年来，随着我国经济的快速发展和居民消费结构的升级，对大豆的需求持续增长。然而，大豆生产面临着种植成本上升、产量增长缓慢等问题，这些问题限制了大豆产业的发展前景。

为了提高大豆种植的生产效益，需要从种植技术、品种改良、政策支持等多方面入手。通过优化种植方法和栽培过程中的技术手段，可以有效提高大豆种子的质量和产量。例如，农业农村部启动实施的大豆大面积单产提升行动，聚焦 100 个大豆主产县，重点推广耐密品种、高性能播种机，集成配套高产栽培技术，整建制推进单产提升，有效提高了大豆的亩均密度和亩产。此外，国家出台的一系列支持大豆生产的政策措施，如补贴、保险、收储协同发力的政策“组合拳”，也极大地调动了农民的种豆积极性。

尽管如此，大豆产业的发展仍面临一些挑战。一方面，大豆种植成本不断攀升，其中地租、农资和人工成本上涨显著，且明显高于世界主要出口国的生产成本。另一方面，我国大豆进口依赖度高，尽管近年来我国大豆产量有所增长，但与庞大的消费需求相比，仍有较大差距。因此，提高大豆自给能力，减少对外部市场的依赖，是当前和未来一个重要的发展方向。

大豆栽培效益与发展前景总体上是乐观的。通过技术创新、品种改良和政策支持等措施，可以有效提高大豆的产量和质量，增强大豆产业的竞争力。同时，也需要关注和解决种植成本上升、进口依赖度高等问题，以促进大豆产业的健康发展。

第二章

大豆的植物学特性

第一节 大豆对环境条件的要求

一 对温度的要求

大豆是一种对温度较为敏感的作物，它在温暖的气候条件下生长得更为繁茂。

发芽温度：大豆的发芽起始温度为6～8℃，而10～12℃是其发芽和正常生长的理想温度范围。

生长适宜温度：大豆生长期间，15～25℃的温度条件最为适宜，有利于其健康生长。

花芽分化温度：当大豆进入花芽分化阶段后，如果温度低于15℃，其发育会受到抑制，进而影响受精和结实过程。

灌浆温度：在大豆灌浆期，若温度降为10～12℃，灌浆过程会受到影响。

有效积温需求：大豆的全生育期需要1 700～2 900℃的有效积温，这是其完成生长周期所需的热量总量。

幼苗抗寒能力：大豆幼苗具有一定的抗低温能力。在不低于–4℃的情况下，大豆幼苗通常只会受轻微的冻害。然而，一旦温度下降到–5℃以下，幼苗就会遭受严重的冻害。

幼苗抗寒力变化：大豆幼苗的抗寒力与其生长状态密切相关。在真叶出现之前，幼苗的抗寒力较强；但真叶一旦展开，其抗寒力就会明显下降。

大豆的生长和发育对温度有着严格要求，适宜的温度范围能够促进其良好生长和发育，而低温则可能对其造成不利影响。因此，在大豆栽培过程中，对温度的管理和调控非常重要。

二 对光照和光周期的要求

光照需求：大豆作为一种喜光作物，对光照条件有着较为敏感的反应。大豆的花荚分布在植株的上下各部位，因此植株的每一层叶片都需要获得充足的阳光，以促进光合作用，确保有机养分能够有效输送到植株各部位的花荚。为了提高产量，栽培大豆时需要保证群体中的植株具有良好的透光性，让每层叶片都能接受到充分的光照。

大豆是短日照作物，意味着它在一昼夜的光照与黑暗交替中，需要较长的黑暗时间和较短的光照时间来促进生长发育。在这种光周期条件下，大豆能够较早地开花，如果光照时间过长则会延长生育期。

光周期反应时期：大豆对长黑暗、短日照条件的反应主要在生长的特定阶段，即在大豆的第一片复叶出现时开始对光周期产生特性反应。当花萼原基开始出现时，标志着光周期反应达到满足，之后即使在长光照条件下，大豆也能正常开花结实，光周期反应结束。

引种注意事项：在大豆的引种过程中，需要特别注意品种对光周期的反应。不同纬度地区的品种对日照长度的敏感性不同。高纬度地区的品种在长日照环境下生长，对日照长度不敏感，通常属于中晚熟品种。这些品种如果从北方向南方引种，可能会导致成熟期提前，植株形态发生变化，如半蔓生品种变得直立，植株变矮，结实数量减少。相反，如果从南方向北方引种，则可能会导致生育期延长，植株变得高大。因此，在大豆的引种过程中，应避免大幅度的纬度变化，以确保品种的适应性和产量。

三 大豆对水分的要求

大豆对水分的需求较高，在不同的生长阶段对水分的要求有所差异。

水分消耗：大豆在形成干物质时需要大量的水分，每形成 1g 干物质需要耗水 600 ~ 1 000g，这一需水量高于高粱和玉米。

萌发期水分需求：在种子萌发时，土壤中需要有充足的水分，以满足种子吸水膨胀的需求。此时，种子吸收的水分量可达到其风干重的120%～140%。适宜的土壤最大持水量为50%～60%，如果土壤最大持水量低于45%,虽然种子能够发芽,但出苗会变得困难。

种子大小与需水量：不同大小的大豆种子对水分的需求也不同。大粒种子需水量较多，适宜在雨量充沛、土壤湿润的地区栽培；而小粒种子需水量较少,更适合在干旱地区种植。

幼苗期水分需求：大豆幼苗时期，地上部分生长缓慢，而根系生长较快。土壤水分过多会导致根系浅且根量少,不利于形成强大的根系。

花荚期水分需求：从初花到盛花期，大豆植株生长迅速，需水量增大。此时需要土壤保持适当的湿润，避免过多的雨水和潮湿的气候，同时需要充足的阳光。

干旱对开花结荚的影响：如果在初花期遭遇干旱，植株的营养生长会受到影响,导致开花和结荚数量减少,落花和落荚现象增多。

结荚到鼓粒期水分需求：从结荚到鼓粒期,大豆仍然需要较多的水分,以避免幼荚脱落和籽粒、荚果不充实。

成熟期水分需求：在大豆成熟前，水分需求稍微减少，而高温和充足的阳光则有助于大豆籽粒的充实和饱满。

综上所述，水分是影响大豆生长和产量的重要因素，合理的灌溉和排水管理对于确保大豆的健康生长和丰产至关重要。同时，根据大豆的生长习性和当地气候条件，选择适宜的品种和采取恰当的栽培措施也是提高大豆产量的关键。

四 对土壤及养分的要求

大豆是一种适应性较强的作物，能够在多种土壤类型中生长。它对土壤酸碱度（pH值）的适应范围较宽，在酸碱度6.0～7.5的土壤上均可正常生长。大豆最适宜生长在排水良好、含有较高有机质、土层深厚以及保水性良好的壤土中。

在大豆的生长过程中，它对养分的需求量相对较大。每生产 50kg 大豆籽粒，大约需要吸收 3.6kg 氮素，0.6 ~ 0.75kg 磷，以及 1.25kg 氧化钾。相比之下，生产同样数量的小麦和玉米所需的肥料较少。大豆在不同生长阶段对肥料的吸收速度和数量与干物质的积累相匹配。

在初花期到鼓粒期的 50 多天里，大豆保持着较高的吸肥能力。从分枝期到鼓粒期，大豆吸收的氮素占全生育期吸收总量的 95.1%，而在盛花到结荚期，每日的吸氮量达到最高。从分枝期到鼓粒期，大豆对磷的吸收也是最多的，占全生育期吸收磷总量的 1/3。其次是苗期和分枝期，吸收的磷占全生育期吸收磷总量的 1/4。

因此，在大豆的栽培管理中，除了在播种前向土壤中施加磷肥外，还可以在生育期间通过叶面喷施磷肥来提高产量。对于氮肥的供应，应以有机肥作为基肥，并在大豆吸氮高峰开始的始花期追施氮肥，这样可以有效提高大豆的产量。通过合理的施肥策略，可以确保大豆获得充足的养分，促进其健康生长和提高产量。

第二节　大豆的植物学特征

一　根与根瘤

大豆的根系为直根系，由主根、支根和根毛组成。根毛密生，使根具有巨大的吸收表面。根的生长一直延续到地上部分。在耕层深厚的条件下，根系发达，根量的 80% 集中在 5~20cm 土层内，主根在地表下 16cm 以内比较粗壮，愈往下愈细，入土深度在 60~80cm。

支根和主根上生有较多根瘤，主要分布在 20cm 以上的土层中。根瘤丛生或单生，呈球状，坚硬，色泽鲜润，微带淡红色。在大豆幼苗时期，生存在土壤里的根瘤菌即从大豆根毛尖端侵入，直达根的表皮，一部分厚壁细胞受到刺激，便分裂产生新的细胞，膨大向外突出，形成根瘤。

根瘤菌最初侵入大豆根部时为寄生关系，待根瘤形成以后才开始有共生关系。根瘤菌生长繁殖需要的营养来自大豆的光合产物；反过来，根瘤菌固定空气中的游离氮素，除自身需要外，将多余部分供给大豆生长发育，这就是大豆与根瘤菌的共生关系。根瘤菌固定的氮素，可占大豆需氮量的 1/3 ~ 1/2，是大豆的重要肥料来源。根瘤菌是好气性细菌，土壤疏松、通透性好，有利于根瘤菌生长、发育。

二 茎

大豆的茎近圆柱形，略带棱角，包括主茎和分枝。主茎的高度通常 30 ~ 150cm。大豆的幼茎有绿色和紫色两种，其中绿茎开白花，紫茎则开紫花。生长环境条件良好时，有利于主茎基部腋芽早发育成分枝。分枝多且粗壮的大豆单产高。大豆依据茎的生长习性划分为三种类型。

1. 蔓生型

主茎细而长，分枝发达，主茎和分枝的粗、细、长、短区别不明显，植株上部具有明显的缠绕性或匍匐性，叶片和种子均较小，多为无限结荚习性。在系统发育上近原始类型，抗逆性强，不耐水、肥，产量较低。

2. 半蔓生型

主茎较粗，茎的上部细，有时缠绕，在水肥充足的条件下，缠绕性较强，在土壤瘠薄，水、肥不足时，就直立不倒。无限结荚习性品种属此类。

3. 直立型

植株节间短，茎秆粗壮，直立不倒，分枝短且少，荚密，耐水、肥，多为有限结荚习性，一般产量高。

三 叶

大豆叶片的形态和发育过程对其生长和产量具有重要影响。大豆的叶型可以分为子叶、单叶和复叶。子叶在出苗后展开，接受阳光照射后产生叶绿素，开始进行光合作用，对幼苗生长至关重要。在子叶展开后的3天内，植株的第二节和第三节分别出现单叶和复叶。复叶通常由三个小叶片组成，但也可能包含五个或七个小叶片。大豆叶片的形状和大小因品种而异，其中阔叶形品种通常产量较高，而狭长叶形品种透光性好，适合密植栽培。在出苗后的10～15天内，子叶贮藏的营养物质和光合产物对幼苗生长具有显著作用。

四 花

大豆的花很少，为蝶形花，着生在叶腋间的茎上和茎的顶端，花朵聚生在花梗上形成花簇。大豆在开花前的下午，花瓣伸出花萼片。一般在次日上午花瓣张开前，已经进行完自花授粉。因此大豆天然杂交率很低，为0.1%～0.5%。

五 荚

大豆荚是由子房发育而成的果实结构，其特征和形态多样。大豆荚的表皮可能被覆着茸毛，为植株提供了额外的保护。荚的颜色同样多变，可以是草黄色、灰褐色、褐色、深褐色或黑色等，这些颜色有助于适应不同的生长环境。

在形状上，大豆荚有直线形、弯镰形以及不同程度的弯曲形状，这些形状的差异反映了大豆品种的多样性。大豆荚中的种子粒数通常具有一定的稳定性，不同品种的栽培大豆每荚含有2～3粒种子，但也有一些品种的荚含有更多或更少的种子。此外，荚内种子粒数与叶形也存在一定的相关性，例如披针形叶的大豆品种中，含有4粒种子的荚比例较大，而卵圆形叶的大豆品种则以2～3粒种子的荚为多。

在大豆成熟过程中，荚内可能会出现发育不全的籽粒，有时只有一个小薄片，这种现象被称为秕粒。秕粒的发生主要是由于受精后的结合子未能获得充足的营养，导致种子发育不完全。此外，成熟的豆荚有时会沿着背腹缝线自行开裂，这种现象被称为炸裂，它可能是由于种子生长时内部压力的增加所致。

大豆的种子本身通常呈椭圆形或近球形，种皮光滑，颜色多样，可以是淡绿色、黄色、褐色或黑色等。这些种子是大豆植株繁殖和传播的关键，也是人类和动物重要的蛋白质来源。

第三节　大豆的生长发育特点

一　种子萌发特点

温度：大豆性喜暖，温度是大豆种子萌发的重要条件之一。适宜的温度范围对于大豆种子的吸水、呼吸作用以及最终的发芽速度都有重要影响。一般而言，日平均气温在6～10℃时，大豆种子就能发芽；当温度升至18～20℃时，发芽速度会加快且发芽整齐；而温度达到33～36℃时，虽然发芽速度快，但幼苗生长纤弱。

水分：大豆种子要吸收充足的水分才能萌发，但土壤中的水分不能过量，否则会缺乏氧气，导致种子的呼吸作用受阻。

氧气：氧气也是大豆萌发的必要条件之一。大豆种子萌发期间，各种生命活动不断加强，这些生命活动所需要的能量需要通过呼吸作用来转化，因此需要充足的氧气。如果氧气不足，种子虽然能吸水膨大，但是不能发芽，还可能导致烂种。

光照：大豆对照明的要求较高，对照明的变化也较敏感。虽然大豆具体的萌发条件中未详细说明光照对萌发的直接影响，但是从大豆对光照的高敏感性可以推测，适度的光照对其萌发是有益的。

土壤条件：大豆种植过程中，选择合适的气温，保持土壤湿润，增加土壤肥力，改善土壤通气性，选择适度的光照环境，为大豆种子的发芽和生长提供良好的环境条件是非常重要的。

萌发过程：大豆种子的萌发过程包括吸水膨胀、种皮软化、胚根突破种皮向下生长形成主根等阶段。在这个过程中，大豆种子内部会发生一系列生理变化，如蛋白质的降解和油脂代谢蛋白的作用。

大豆种子萌发涉及温度、水分、氧气、光照和土壤条件等多个方面，这些因素共同作用于大豆种子的萌发过程，影响大豆种子发芽率和幼苗的生长。

二 幼苗生长特点

发芽过程：大豆种子发芽时，子叶随着幼芽一同露出地表。一旦子叶出土，它们会迅速展开，并在阳光的照射下由黄色转变为绿色，开始进行光合作用。

早期生长：随着胚芽的持续生长，大豆的第一对单叶会展开。此时，幼苗已经具备了两个节和一个节间。在农业生产中，大豆第一个节间的长度被视为一个重要的形态指标，它能够反映幼苗的生长状况。

生长条件影响：如果植株种植过密或者土壤湿度过高，可能会导致第一节间过长，茎秆细长，从而影响幼苗的健壮发育。在这种情况下，需要及时进行间苗和破土散墒，以避免幼苗徒长。

关键生长阶段：幼茎继续生长，第一复叶的出现标志着大豆进入了所谓的“三时期”。随后，第二片复叶的展开意味着大豆已经开始进入花芽分化期。

田间管理：在大豆第一对单叶出现到第二复叶展平的这段时间内，田间管理尤为关键，必须抓紧时间间苗和定苗，以促进苗全、苗壮和根系发达。同时，还需要防治病虫害，为大豆的丰产打下坚实的基础。

大豆幼苗的生长是一个从发芽到花芽分化的连续过程，需要适当的田间管理措施来确保幼苗健康发育，从而为后续的生长和丰产创造有利条件。

三 花芽分化特点

分化时间：大豆在出苗后 25～35 天开始进行花芽分化。这一过程通常在植株长出 2～3 片复叶之后开始。

分化位置：花芽分化首先发生在主茎基部的第一、二节位，这些部位在条件适宜时容易形成分枝。随后，上部的腋芽也会逐渐转变为花芽。

分枝情况：大豆植株的下部分枝较多且粗壮，这有利于提高单株的产量。分枝的形成有助于植株更好地吸收光能和养分，进而促进花芽的分化和生长。

植株生长：在花芽分化期间，大豆植株的生长速度加快，叶片数量迅速增加，植株高度可以增长至成株高度的一半。同时，主茎会变粗，分枝开始形成，根系也在不断扩大。

生长平衡：这一时期，大豆的营养生长（如叶片和茎的生长）非常旺盛，同时大量的花器也在持续分化和形成。因此，需要特别注意协调营养生长和生殖生长之间的关系，以确保植株既健壮又不会过于矮小，同时促进花芽的充分分化。

管理要求：为了确保花芽分化的顺利进行，需要适当管理，包括合理的水肥供应和病虫害防治，以维持植株的健康生长和高产潜力。

大豆的花芽分化是一个涉及多个生长过程相互作用的复杂阶段，对大豆的最终产量和品质有着重要影响。适当的田间管理措施对于实现营养生长与生殖生长的平衡至关重要。

四 开花结荚期特点

生长周期：大豆从花芽开始分化到开花通常需要 25 ~ 30 天的时间。这个阶段是大豆生长发育的重要时期，对最终的产量和品质有着决定性的影响。

开花持续时间：大豆的开花日数，即从第一朵花开放到最后一朵花开放的总天数，会因品种差异和气候条件而有较大变化。一些品种可能只需要 18 天，而其他品种可能需要长达 40 天，甚至 70 多天。有限开花习性的品种花期较短，而无限开花习性的品种则有较长的花期。

温度影响：大豆开花的适宜温度范围是 25 ~ 28℃。当温度超过 29℃时，开花可能会受到限制。因此，适宜的温度对于大豆的正常开花至关重要。

湿度条件：适宜的空气湿度对大豆开花也非常重要。湿度过高或过低都会对开花产生不利影响。土壤湿度在田间持水量的 70% ~ 80% 范围内时，大豆开花较为旺盛。

水分需求：在开花结荚期间，大豆对水分的需求较高。土壤水分充足有助于养分的正常运输，促进花芽分化，增加花和荚的数量，并减少花荚的脱落。因此，良好的灌溉条件是保证大豆高产的关键因素之一。

养分积累：开花结荚期是大豆植株生长最旺盛的时期，此时大豆的物质积累达到高峰。植株需要将有机养分同时供给叶片生长和花荚发育，因此充足的养分对于保证花芽的正常分化、花的质量和荚的发育至关重要。

大豆的开花结荚期是一个对环境条件要求较高的时期，适宜的温度、湿度和水分供应是确保大豆高产的关键因素。同时，这个时期也是植株养分需求最高的时期，需要良好的管理，以促进花荚的形成和发育。

五 鼓粒成熟期特点

种子增重：在鼓粒期，大豆种子的重量迅速增加，平均每天可增长 6 ~ 7mg。这一阶段是种子发育的关键时期，种子的体积和重量都在不断上升。

营养成分积累：随着种子重量的增加，种子中的粗脂肪、蛋白质和糖类等营养成分也在不断积累。这些物质的积累对种子的成熟和最终的种子质量有着直接影响。

水分变化：鼓粒初期，种子中的水分含量较高，可达90%。随着营养物质的不断积累，种子中的水分含量会迅速下降。当营养物质积累达到最大值时，种子中的水分含量会降至20%以下，种子逐渐接近成熟状态，粒形也会变得圆润。

产量形成：鼓粒到成熟阶段是大豆产量形成的重要时期。这一阶段的发育情况直接影响荚粒的数量、百粒重以及种子的化学成分，从而影响最终的产量和品质。

籽粒发育保障：籽粒的正常发育依赖于植株本身的营养物质储备和运输能力，以及叶片通过光合作用产生的物质供给。此外，充足的水分供应也是确保籽粒良好发育、提高产量的重要条件。

大豆的鼓粒成熟期要经过一个复杂的生理过程，涉及种子内部水分和营养成分的变化，以及外部环境条件的满足。适当的田间管理，如合理的灌溉和营养供给，对于保证大豆籽粒的顺利成熟和提高产量至关重要。

第三章

大豆高产栽培技术

防害必杀技
量产大丰收
农技云讲堂
掌上育种经

跟"码上"查看

第一节 大豆的种类及分布

一 大豆的种类划分

1. 按播种季节划分

春大豆：通常在春季播种，秋季（约10月份）收获，11月开始进入市场流通。春大豆主要分布于我国东北三省、西北地区，以及河北、山西中北部。

夏大豆：大多是在小麦等冬季作物收获后进行播种，实行麦豆轮作的一年二熟制或二年三熟制。夏大豆主要分布于黄淮平原和长江流域。

秋大豆：一般在早稻收割后播种，大豆收获后再种植冬季作物，形成一年三熟制。秋大豆在我国浙江、江西中南部、湖南南部、福建和台湾等地种植较多。

冬大豆：在某些气候适宜的地区，如南方部分地区，可能存在冬季播种、春季收获的冬大豆种植模式，但这并不普遍。

2. 按种皮颜色和粒形划分

黄大豆：种皮为黄色，是最常见的大豆类型，也是种植最广泛的品种。黄大豆常用于制作各种豆制品、酿造酱油以及提取蛋白质。按照粒形，黄大豆还可细分为东北黄大豆和一般黄大豆两类。

青大豆：种皮为青色。根据子叶颜色，青大豆又可以分为青皮青仁大豆和青皮黄仁大豆两种。

黑大豆：种皮为黑色。黑大豆也存在黑皮青仁大豆和黑皮黄仁大豆两种类型。

其他色大豆：种皮呈现单一的褐色、棕色、赤色等非黄、青、黑的颜色，或者种皮上具有两种颜色（如棕色或黑色覆盖粒面1/2以上），这类大豆统称为其他色大豆或双色豆。

饲料豆（秣食豆）：籽粒较小，形状扁长椭圆形，种皮可能有光泽或无光泽。这类大豆主要作为动物饲料使用。

综上所述，大豆种类的划分既可以依据播种季节（春大豆、夏大豆、秋大豆、冬大豆），也可以依据种皮颜色和粒形（黄大豆、青大豆、黑大豆、其他色大豆、饲料豆）。这些分类有助于农业生产和加工利用时对大豆进行精细化管理与区分。

二 大豆种植的种类分布状况

我国大豆种植的种类分布状况反映了不同大豆品种对特定生态环境和种植制度的适应性，以及各地域对大豆产品需求的多样性。

1. 黄大豆

黄大豆是最常见、种植面积最大的大豆种类，几乎在全国各地都有种植，在东北地区和黄淮海地区尤为普遍。黄大豆因适应性强、产量稳定、用途广泛而深受种植者和市场的欢迎。东北地区的黄大豆以高蛋白、高油分和优良品质闻名，是食品加工、榨油和出口的重要来源。黄淮海地区的黄大豆虽然蛋白质含量略低，但生育期短、适应性强，适合与小麦等作物轮作。

2. 青大豆

青大豆主要集中在长江中下游地区，如江苏、浙江、安徽、湖北、湖南、江西等地。青大豆又称绿大豆，种皮呈绿色，通常用于鲜食、制作豆芽或冷冻蔬菜，也有部分用于榨油和加工成豆腐等豆制品。

3. 黑大豆

黑大豆在黄河中下游地区如山东、河南等地有一定种植，山西、陕西等地也有分布。黑大豆含有丰富的花青素和微量元素，被视为保健食品，常用于制作豆浆、豆腐、豆酱等，同时也可药用。在特定的生态条件下，黑大豆具有较高的经济价值和市场需求。

4. 小粒大豆（小黑豆、小黄豆等）

小粒大豆主要在一些特定的生态区域种植，如晋北、吕梁山区、陕北等地。这类大豆适应干旱、贫瘠或盐碱土壤，虽然产量较低，但营养价值较高，且具有较强的抗逆性。小粒大豆在当地作为粮食和蔬菜食用，也是改善膳食结构、补充营养的重要来源。

5. 饲料豆

饲料豆主要种植于大豆主产区之外，如西南、华南、西北等地，以及东北、黄淮海地区的部分非大豆主产区。这类大豆品种籽粒较小，营养价值相对较低，主要用作动物饲料。饲料豆的种植面积和产量视市场需求和价格波动而调整。

综上所述，我国大豆种植的种类分布呈现出明显的地域性特点，黄大豆在全国范围内广泛种植，青大豆主要集中在长江中下游，黑大豆在黄河中下游有一定种植，小粒大豆在特定生态区域有分布，而饲料豆则根据市场需求在不同地区灵活种植。这些分布特点反映了我国大豆种植业对多样化市场需求的响应，以及对不同生态环境资源的有效利用。

第二节　大豆高产栽培技术要点

一　地块选择

大豆栽培地块的选择对大豆的产量、品质以及整个生长周期的病虫害防控至关重要。以下是一些建议和技术要点，以帮助选择适宜的大豆种植地块。

1. 土壤条件

土壤类型：优先选择土层深厚、疏松通气、排水良好的壤土或沙壤土。这类土壤既能保持充足的水分供大豆生长，又能避免水分过多导致根部缺氧或病害发生。

有机质含量：富含有机质的土壤有利于大豆根瘤菌的活动和固氮作用，提高土壤肥力。理想情况下，土壤有机质含量应在 10g/kg 以上。

pH 值：大豆适宜在中性偏微酸的土壤中生长，适宜的 pH 值范围为 6.0~7.5。过酸或过碱的土壤需进行改良后再种植。

无农药残留：尽量选择未受农药残留污染的地块，或经过一段时间轮作、净化的土壤，以降低农药对大豆生长的影响。

2. 地势与地形

平坦或缓坡：大豆种植地块应尽量平整或有轻微坡度，以便于机械作业、灌溉排水和土壤管理。陡坡地易造成水土流失，不适宜大规模种植大豆。

排水良好：避免低洼易涝地块，大豆不耐渍水，长期积水会导致根部缺氧、病害加重及产量下降。大豆种植地块应具备良好的排水系统，确保雨后迅速排出多余水分。

3.水源与灌溉

水源充足：选择靠近稳定水源或有灌溉设施的地块，以应对干旱季节。大豆虽有一定的耐旱性，但在关键生长期（如开花结荚期和鼓粒成熟期）充足的水分供应对提高产量至关重要。

灌溉便利：大豆种植地块应便于实施灌溉，如具备沟渠、管道或滴灌、喷灌等节水灌溉设施，以保证适时适量供水。

4.气候条件

温度适宜：大豆是喜温作物，对热量需求较高。应选择无霜期较长、年均气温适宜的地区，以确保大豆完成整个生育期。

光照充足：大豆需要充足的光照进行光合作用，选择光照条件好的地块有利于大豆生长和产量提升。

5.轮作与茬口

合理轮作：不要连作大豆，以免土壤养分失衡、病虫害累积。宜选择与禾本科作物（如玉米、小麦）、薯类或蔬菜等进行轮作的地块，以减少病虫害发生，提高土壤肥力。

前茬作物：不要选择前茬为豆科作物（如豌豆、花生）的地块，以免前茬作物与大豆存在相同的病虫害和营养竞争关系。

6.病虫害历史

选择历史上病虫害发生较少、防控效果较好的地块，降低种植风险。如果地块曾发生严重病虫害，需了解具体情况并制定针对性的防治策略。

综上所述，选择大豆栽培地块时应综合考虑土壤性质、地势地形、水源灌溉、气候条件、轮作制度和病虫害历史等多个因素，确保地块满足大豆生长的基本要求，从而有利于实现高产、优质、可持续的种植目标。

二 播种

1. 品种选择

在大豆种植中，品种选择至关重要，应确保所选品种在当地能够正常成熟、具有良好的抗病虫能力和高产特性。

品种适应性：选择适应当地气候和土壤条件的大豆品种。对于正茬种植，选择品质和产量均优的品种；对于重迎茬地块，选择抗线虫能力强的品种，如黑农 35、垦农 5、绥农 10 等。

种子质量把控：播种前进行种子精选，去除病粒、虫食粒等不良种子。确保种子达到纯度≥ 98%，净度≥ 98%，发芽率≥ 90%，含水量≤ 13% 的标准。

品种选择依据：根据当地的气候特点选择耐低温、抗倒伏、抗病性强的品种。关注品种的生育日数，确保其在当地无霜期内能够安全成熟。

品种认证与审定：选择经过国家和省级品种审定委员会审定的大豆品种，这些品种的适应性、产量潜力和抗逆性等关键指标已得到权威机构的验证。

生育期适宜：避免越区种植，即不选择生育期与当地气候条件不匹配的品种，以减少霜冻风险或产量损失。

选用大豆品种时应兼顾其在当地环境下的成熟性、抗病虫能力、产量表现，严格把控种子质量，根据气候特点和种植习惯选择适宜品种，并确保品种已通过官方审定，具有明确的优质、高产、抗逆属性，以实现大豆种植的高效与可持续发展。

2. 种子处理

选种和晒种：除去破损粒、虫口粒、杂物等，然后进行晒种，播种前需要晒 2~3 天。晒种是提高发芽率及种子生活力的一项有效措施。

药剂拌种：为防治地下害虫，多采用 50% 的辛硫磷乳油闷种，即用

50% 辛硫磷乳油 0.5kg 加 12.5kg 水制成稀释药液，每千克稀释药液可拌种子 10kg，拌药后将种子堆在一起闷 4 小时，晒干后播种。防治大豆根腐病可用种子量 0.5% 的 50% 多·福合剂或种子量 0.3% 的 50% 多菌灵可湿性粉剂拌种。防治大豆胞囊线虫可用种子量 2% 的大豆根保菌剂拌种。

3. 精细播种

当土壤 5 ~ 7cm 深处的地温稳定在 8℃时，即为播种时期。在保证播种质量前提下，适期早播。春播播种时期一般为 4 月 20 日—5 月 10 日。播种方法有机械播种和人工等距播种两种。播深 3 ~ 5cm，覆土一致，播后及时镇压。

在肥沃土地，种植分枝性强的品种，亩保苗 0.8 万 ~ 1 万株。在瘠薄土地，种植分枝性弱的品种，亩保苗 1.6 万 ~ 2 万株。高纬度高寒地区，种植早熟品种，亩保苗 2 万 ~ 3 万株。

三 需肥规律及施肥要求

大豆的生长发育可以分为几个主要阶段，每个阶段都有其特定的需肥要求和施肥方法。

1. 萌芽期

这个阶段大豆主要需要适当的温度和湿度，以刺激种子发芽。在这个阶段，通常不需要额外施肥，因为种子本身储存有足够的养分供发芽生长。

2. 生长期

第一生长期：从萌芽后到叶完全展开前。此阶段大豆主要进行营养生长。为了满足大豆的生长需要，可以在播种前或出苗后，每亩施入尿素 5 ~ 10kg 或复合肥 10 ~ 15kg 作为基肥。

第二生长期：从花芽分化开始至最后一个豆荚发育成熟。此阶段是大豆营养生长和生殖生长并进时期，对养分的需求增加。在这个阶段，应根据土壤养分状况和大豆生长情况，适时追肥。具体来说，可以在开花期每亩施入磷酸二铵 10～15kg 或复合肥 20～25kg，以满足大豆开花结荚对磷钾肥的需求。

3. 结荚期

这是大豆产量形成的关键时期，施肥应以氮肥为主，磷钾肥为辅。每亩可追施尿素 7～10kg 或复合肥 15～20kg 作为荚肥，以促进荚果充实和增加粒重。此外，叶面喷施磷酸二氢钾等叶面肥可以提高叶片光合效率，增加光合产物积累。

4. 鼓粒成熟期

此阶段大豆进入生殖生长的旺盛期，施肥应以钾肥为主，氮肥为辅。每亩可追施氯化钾 5～10kg 或硫酸钾 10～15kg 作为粒肥，以促进粒重增加和提高品质。

另外，根据大豆生产的产量水平，还可以适当调整施肥量。例如，产量水平在 200kg/亩以下时，每亩可施氮肥 3～5kg，磷肥 2～3kg，钾肥 2～3kg；产量水平在 200kg/亩以上时，每亩可施氮肥 5～7kg，磷肥 4～6kg，钾肥 3～4kg。

总而言之，大豆的施肥管理需要根据其生长发育阶段和土壤养分状况进行合理安排，以满足大豆不同生长阶段的需求，从而实现高产优质的目标。同时，也应注意不要过度施肥，以免对环境造成负面影响。

四 需水规律及要求

大豆生长发育各阶段对水分的需求存在差异。

1. 发芽期

大豆种子需要吸收一定量的水分才能开始发芽。在这个阶段，土壤持水量应控制在 50%～60%，确保种子吸水量在 5% 以上，以满足萌芽的需要。

2. 幼苗期

幼苗期的大豆对水分需求相对较少，占总需水量的 13% 左右。此时，大豆抗旱能力强但抗涝能力弱，因此应适当控制水分，避免土壤过湿导致根系发育受阻。适宜的土壤相对含水量为 60% ~ 70%。适当干旱有助于扎根并形成壮苗。

3. 分枝期

分枝期是大豆花芽分化的关键时期，需水量逐渐增加，占总需水量的 17% 左右。此时，如果干旱会影响花芽分化，因此应保持适宜的土壤水分，相对含水量维持在 70% ~ 80%。

4. 开花结荚期

这是大豆营养生长与生殖生长并进的重要时期，对水分需求最为敏感。开花结荚期是大豆一生中需水最多的时期，占总需水量的 45% 左右。此时，土壤相对含水量应保持在 80% 左右，以满足大豆对水分的大量需求。缺水会导致植株生长受阻、花荚脱落，影响产量。

5. 鼓粒成熟期

在鼓粒成熟期，大豆的营养生长逐渐停止，生殖生长仍旺盛进行。此阶段仍需较多水分，需水量占总需水量的 20% 左右。适宜的土壤相对含水量为 70%。水分过多可能导致贪青晚熟，而缺水则可能引发早衰，影响产量和品质。

在大豆的整个生长发育过程中，要根据天气、土壤湿度和作物生长情况，适时进行灌溉和排水，确保土壤湿度在适宜范围内，以满足大豆不同生长阶段对水分的需求。同时，要避免水分过多或过少对作物造成不利影响。

五 田间管理

1. 间苗定苗

间苗：应在大豆齐苗后，于两片对生真叶展开到第一片复叶全部展开前进行。间苗时，要按规定株距留苗，拔除弱苗、病苗、杂苗和小苗，并结合第一次中耕，进行松土培根。间苗只是拔去丛生苗，留苗数量还要多于计划苗数，防止幼苗期虫害或人工操作损苗后达不到计划苗数。

定苗：第一片复叶展开，幼苗生长进入稳定生长期，这时候可以按计划留苗数和株行距定苗。定苗密度要区别不同的品种和不同的土壤肥力，上中等肥力、植株高大的中晚熟品种，每亩留苗 1 万 ~1.2 万株；中等肥力地块每亩留苗 1.25 万 ~1.35 万株；旱薄地、早熟品种，每亩留苗 1.4 万 ~1.6 万株。定苗时在基本保持苗匀的前提下，去除小苗、弱苗，使总苗数与计划密度一致。

2. 补苗

在大豆生产中，由于播种质量差、苗期病虫危害严重或自然条件恶劣，有时会出现较严重的缺苗断垄现象，应及时补苗。墒情较好，但播种较浅，豆种尚未吸水膨胀，可以将豆种重新埋入湿土。播种深度合适，但墒情较差，有浇水条件的地方可以喷一遍水。如果墒情不好，豆苗又长到两片真叶以上，可以移苗补苗。一般做法是，在播种时适当在边和地头多播一些种，或在垄沟中播一些种，长成的幼苗用来补苗。

3. 化学除草

使用符合 NY/T 393—2013《绿色食品农药使用准则》要求的农药，选用安全、低毒、无残留除草剂品种。

苗前土壤处理：可单用 50% 乙草胺、72% 异丙甲草胺、90% 乙草胺、48% 甲草胺等除草剂，按常规用量使用；或每亩用 50% 丙炔氟草胺可湿性粉剂 8 ~ 12mL 加 72% 异丙甲草胺乳油 100 ~ 200mL，进行苗前土壤喷雾；或播后苗前每亩用 90% 乙草胺乳油 100 ~ 130mL 加 75% 噻吩磺隆干悬浮剂 1 ~ 1.67g 处理；或每亩用 72% 异丙甲草胺乳油 100 ~ 167mL 处理。

苗后除草：在大豆出苗后，当阔叶杂草 2 ~ 4 叶期时，每亩用 48% 灭草松水剂 167 ~ 200mL，兑水 40kg，进行第一次茎叶喷雾；禾本科杂草4~6叶期时，每亩用12.5%烯禾啶乳油100mL，或5%精喹禾灵乳油50~60mL，兑水40kg，进行第二次茎叶喷雾。或每亩选用15%精吡氟禾草灵乳油50mL加24%乳氟禾草灵乳油23~27mL，在大豆苗期喷施。遇干旱应适当加大兑水量。苗后除草还可每亩选用12.5%烯禾啶乳油60~100mL，或15%精吡氟禾草灵乳油50~60mL，或25%氟磺胺草醚水剂60~100mL，或24%三氟羧草醚水剂60~100mL。

4.适时收获

收获时机：应根据大豆的生长情况、品种特性和天气情况来确定。一般来说，大豆的收割时机在豆荚发黄后，豆荚变硬但还没有完全干燥之前进行。此时大豆植株叶子基本掉光，荚壳开始干缩，种子变硬，茎、荚、籽粒都呈现出原有品种的颜色，籽粒含水量已下降为20%~25%。此时用手摇晃植株，籽粒在荚中作响，表明大豆已经成熟，可以进行收割。

收获方法：有人工收割和机械收割两种。人工收割适用于小面积种植或地形复杂的地区，虽然对豆荚的保护较好，但劳动强度大，效率低。机械收割则适用于大面积种植，效率高，但需要注意操作技术，以避免对大豆造成损失。

后续处理：收获后的大豆需要进行一系列的处理，包括去除皮壳和酚类物质，进行烘干消毒，以及分级包装等。这些步骤有助于提高大豆的品质和保存期限，为后续的加工和销售做好准备。

第三节　大豆“三垄”高产栽培法

一　大豆“三垄”高产栽培法概述

大豆“三垄”高产栽培法，原名“旱作大豆机械化高产栽培综合技术体系”，主要包含三项技术措施：垄底深松播种、垄体分层施肥、垄上双条精量点播。该技术适用于平川地土壤墒情良好的地块，不适合丘陵坡岗地土壤墒情不佳的地块。

特点：改变传统的翻耕方式，采取翻、耙、松相结合；由平作改为垄作，将表层浅施种肥改为测土分层深施肥；将单条平播改为垄上双条精密点播；将病、虫、草害单一防治改为与田间中耕管理相结合的多功能综合防治；一机多用取代一机单用。

二 大豆“三垄”栽培法关键技术

1. 土壤深松

深松深度以打破犁底层为准，通常为 25 ~ 30cm。根据深松部位不同，分为垄体深松、垄沟深松和全方位深松。

垄体深松（垄底深松）：深度为耕层以下 8 ~ 12cm。有整地深松起垄（结合整地进行深松起垄，如搅麦茬深松、在已耕翻或耙茬基础上深松起垄）和深松播种（使用大型“三垄”耕播机同时进行深施肥、精量播种）两种方法。

垄沟深松：使用深松铲对垄沟深松，深度为耕层以下 10 ~ 15cm。分为播后出苗前垄沟深松和苗期垄沟深松。

全方位土壤深松：利用全方位深松机对整个耕层深松，深度可达 50cm 以上，保持土层不乱，加深耕作层。

深松能打破犁底层，加深耕作层，优化耕层结构，利于大豆根系生长发育和根瘤形成。播种时进行垄沟深松，可防寒增温、疏松土壤，促进大豆早生快发，提高 0 ~ 20cm 耕层地温 0.5 ~ 1℃，使大豆提早成熟 2 ~ 3 天。创造虚实并存的土壤结构，增强土壤蓄水保墒和抗旱抗涝能力。

2. 垄体内分层深施肥

施肥量：基于测土施肥，垄体内分层深施基肥与垄底深松同步进行。基肥占施肥量的 2/3，种肥加追肥占施肥量的 1/3。根据土壤肥力差异，每亩施肥量为纯氮 2 ~ 3kg，纯磷 4 ~ 6kg。

化肥深施：化肥做种肥，施肥深度在 10cm 以上（种下 5cm 处）；化肥做基肥，施肥深度为 15 ~ 20cm（种下 10 ~ 15cm 处）。大型“三垄”耕翻机可实现深施肥和种肥、基肥同时分层施入。

化肥深施的作用：避免种、肥同位导致的烧种、烧苗，减少化肥挥发和流失，提高化肥利用率（提高 10% ~ 15%）。促使大豆根系下扎，增强抗旱能力。合理增加化肥施用量，延长供肥时间，满足大豆全生育期对肥的需求。

3. 垄上双条精量播种

精量播种要求：“三垄”栽培法要求选用高产、耐肥、抗倒伏、抗病虫害的中早熟大豆品种。种子需经筛选或粒选，净度 99% 以上，发芽率 95% 以上，确保单粒播种质量。垄上双条播小行距 12 ~ 15cm，播种深度 5cm，种肥与种子间距 5 ~ 7cm，防止烧种和影响出苗。

精量播种方式：除人力充足的地区采用人工扎眼、摆籽等人工精量播种外，多数地方采用机械精量播种，实现开沟、下籽、施肥、覆土、镇压连续作业，加快播种进度，缩短播期，保证播种质量。

精量播种的作用：实现合理密植，植株分布均匀，解决稀密不匀、缺苗断垄问题。优化大豆植株生育环境，调整群体结构，协调光、热、水、肥矛盾。增加单株营养面积，提高单株生产力。

三 大豆“三垄”栽培技术要点

1. 品种选择

选择标准：选择高产、优质、成熟期适宜、秆强、主茎发达、抗逆性强的品种，合理搭配。

种子管理：定期更换种子，避免长期使用自留种子；种子须经过精选，剔除病斑粒、虫食粒及杂质，确保种子纯度 ≥ 98%，净度 ≥ 97%，发芽率 ≥ 90%，大小均匀。

2. 精细整地

整地要求：耕层土壤细碎、地平，推荐深松起垄，垄向直且宽度一致。

整地时机：秋初精细整地，秋季施农家肥，条件允许可在上冻前 7 ~ 10 天深施化肥。

整地方法：推荐以深松为主的松、耙、旋翻相结合的方式。无深翻深松基础地块，可采用秋初翻深松、旋耕深松或耙茬深松，耕翻深度 18 ~ 20cm，翻耙结合，无大土块，耙茬深度 12 ~ 15cm，深松深度≥ 25cm；有深翻深松基础地块，可秋耙茬（深度 12 ~ 15cm）。垄作大豆在秋初整地时起好垄，春整地玉米茬顶浆扣垄并镇压，或早春耢平茬坑、灭茬，达到待播状态。

3. 适时播种

播期安排：黑龙江地区一般 5 月 10—15 日播种，吉林、辽宁地区在 4 月中旬播种。

播种方法：春播时墒情好，可采用深松播种，一次完成多项作业。

精量播种：根据保苗株数计算播量，垄上双行精量播种，双行小行距 10 ~ 12cm；机械垄上等距穴播，穴距 18 ~ 20cm，每穴 3 ~ 4 株。

播种深度：镇压后 4 ~ 5cm，播种、镇压连续作业。

4. 合理施肥

基肥施用：结合整地起垄施用农家肥，每亩施 1 000 ~ 1 500kg 优质农家肥。提倡使用大豆有机复合肥。

化肥施用：氮、磷、钾搭配，视情况补充微肥，有条件时进行测土配方平衡施肥，否则按减磷增钾原则确定。中等肥力地块，每亩施磷酸二铵 7 ~ 10kg，硫酸钾 3 ~ 4kg。大型“三垄”耕播机深施肥可分层施入，施肥量多时，第一层肥距种子 4 ~ 5cm，占 30% ~ 40%，第二层肥距种子 8 ~ 15cm，占 60% ~ 70%；施肥量少时，第二层肥距种子 8 ~ 10cm 即可。

追肥：前期长势差时，二遍地铲后蹚前追施氮肥（尿素 2.5 ~ 5kg/ 亩），追肥后立即中耕培土；或初花期喷施尿素 600g/ 亩 + 磷酸二氢钾 100g/ 亩

（溶于 40kg 水中）。

5.化学除草

土壤封闭处理：土壤墒情好时，可采取秋施药、播前施药或播后苗前处理，不推荐苗后茎叶处理。

第四节　大豆窄行密植栽培技术

一　大豆窄行密植栽培技术增产机理

1.定义与模式

大豆窄行密植栽培技术是一种通过缩小行距、增大密度、扩大群体，以提升单产的种植模式，主要包括小垄窄行密植、大垄窄行密植、深松窄行平播密植三种类型。

2.增加叶面积指数，提高光能利用率

叶面积增加：窄行密植使单位面积叶面积指数随密度增加而显著上升，特别是在开花期和结荚期，增加叶面积有助于延长绿色面积，提高光合效率，是大豆高产的关键因素。

光分布改善：窄行密植使植株分布更为均匀，有效克服宽行种植中植株分布不均的缺陷，单株受光更加均衡，有利于提高光能利用率。

单位面积根瘤数与重量增加：虽然单株根瘤数和重量因密度增加而减少，但整体来看，结荚期和鼓粒期单位面积根瘤数与密度正相关，根瘤鲜、干重在非结荚期也与密度正相关。

3.增加单位面积干物质重量

群体干物质增加：尽管单株干重、鲜重随密度增大而下降，但在未发生严重倒伏的情况下，群体干重、鲜重呈现增长趋势。

经济产量与干物质关联：大豆经济产量与干物质重量显著相关。窄行密植通过增加密度，使得单位面积干物质产量增加，最终表现为窄行密植的增产效果。

二　大豆小垄窄行密植栽培技术要点

1. 品种选择

选用矮秆、半矮秆抗倒伏、丰产性好的中早熟品种。播种前用种衣剂包衣，防治地下病虫害。

2. 整地施肥

土地选择：排水良好的岗地或平川地，前茬以小麦、玉米、马铃薯或杂粮茬为宜，避免重茬、迎茬。

整地方法：结合秋整地进行土壤深松，深度 30～40cm，起宽 45cm 的垄，达到待播状态，也可随播随起垄。

基肥施用：每亩施优质农家肥 1 000～1 500kg。

3. 播种管理

播种时机：当地温稳定在 7～8℃时开始播种。

密度控制：每亩保苗 2.6 万～3 万株，垄上双行。

4. 除草保墒

除草措施：铲前蹚一犁，实施三铲三蹚；或根据杂草种类选择相应除草剂进行封闭灭草或茎叶处理。

5. 追肥促熟

追肥时间：大豆初花期。

追肥方式：每亩用尿素 1kg 进行叶面喷施。

6. 化控防倒

防倒时机：大豆前期长势旺盛时。

防倒措施：初花至盛花期使用多效唑叶面喷施，抑制营养生长，防止倒伏，减少落花落荚。

7. 深松抗涝

未深松地块在中耕期间根据土壤墒情进行苗期垄沟深松，提高大豆抗涝能力。

8. 拔草管理

拔草时期：大豆生育中后期。

拔草次数：人工拔大草 1 ~ 2 次，确保地块无杂草。

三 大豆大垄窄行密植栽培技术要点

1. 品种选择

选择标准：成熟期适宜或略早的矮秆、抗倒伏、丰产性好的品种。

2. 合理密植

密度设定：早熟矮秆品种每亩保苗株数 2.5 万 ~ 3.3 万株，干旱区或丘陵易旱区 2.3 万 ~ 3 万株。

垄型调整：将常规垄（垄距 60 ~ 77cm）3 垄变 2 垄或 2 垄变 1 垄，使垄距变为 90 ~ 105cm 或 120 ~ 140cm，垄上种植 4 ~ 6 行，密度比常规栽培增加约 30%。

3. 深松整地

整地要求：大垄窄行密植对播前整地要求较高，需耕层深厚、表土平整、地净、土壤细碎。

无深翻深松基础地块：伏秋翻地（耕翻深度 18 ~ 20cm）、耙茬深松（耙茬深度 12 ~ 15cm，深松深度 ≥ 25cm，全方位深松深度可达 50cm）。

有深翻深松基础地块：秋耙茬。深松起垄至待播状态，翻耙或起垄同时深施农家肥或化肥。

4. 施足基肥

中等肥力地块：每亩施农家肥 ≥ 1 000kg，化肥施用量比常规垄作增加 15% 以上，确保氮、磷、钾平衡施用。

具体用量参考：磷酸二铵 10～15kg/亩，硫酸钾(或氯化钾)4～5kg/亩，尿素 3～5kg/亩。

化肥深施要求：种肥深施于种下 5cm 以上，或分层深施于种下 5cm 和 14cm 处，严禁种、肥同位，以防烧种。根据土壤条件适量施用微肥。

5. 适时播种

播种时机：当地温稳定在 7～8℃时开始播种。

播种方式：垄上按行等距精量播种。

大垄设置与行数：3 垄变 2 垄，垄距 90～105cm，播 4 行；2 垄变 1 垄，垄距 120～140cm，播 6 行。

播种深度：3～5cm（镇压后），播后及时镇压。

6. 病虫害防治

针对地下病虫害(如根腐病、胞囊线虫等)严重地区，依据当地土壤条件及病虫害种类，选用适宜的大豆种衣剂进行种子包衣。

四 大豆深松窄行平播密植栽培技术要点

1. 选茬整地

茬口选择：小麦茬、玉米茬及一年大豆茬。

土壤要求：耕层深、肥力中等偏上的平地。

整地深度：深松深度 35～40cm，旋耕深度 12～15cm。

整地效果：耙细耢平待播。

2. 品种选择

品种特性：矮秆或半矮秆，秆强、抗倒伏、喜肥、耐密植、高产优质、抗逆性强、熟期适宜。

种子处理：播种前精选种子，净度≥ 98%，发芽率≥ 95%，使用大豆种衣剂包衣。

3. 施足基肥

每亩施优质农家肥 1 000kg，磷酸二铵 15kg，尿素 7.5kg，钾肥 5kg。

4. 合理密植

垄型设置：垄宽 130cm 的大垄，垄上播 6 行，小垄距 22cm，大垄距 50cm。

播种深度：3～5cm。

播种时间：5 月 5—20 日播完，随播随镇压。

保苗密度：每亩 2.3 万～3 万株。

5. 化学除草

播后苗前封闭除草方案：每亩用 72% 异丙甲草胺乳油 130mL+48% 异噁草松乳油 50mL+70% 嗪草酮乳油 20mL 喷雾，或每亩用 43% 豆乙合剂 250mL 喷雾。

封闭效果不佳地块的茎叶处理方案：每亩用 12.5% 烯禾啶乳油 100mL+25% 氟磺胺草醚水剂 66mL 喷雾。

6. 田间管理

病虫害防治：根据虫情预报及田间发病情况，及时防治食心虫和灰斑病。

叶面施肥：花前、花后喷施惠满丰等叶面肥，以促熟、提质、增产。

第五节　大豆行间覆膜技术

一　概述

1. 定义

大豆行间覆膜技术是一种旨在提高大豆产量、品质及抗逆性的现代农业栽培技术。

2. 核心模式

平作行间覆膜：适用于一般干旱地区和风沙较大区域，通过行间覆膜增强土壤保水防风能力。

大垄垄上行间覆膜：适于生育前期干旱、后期雨水较多的环境，通过大垄结构优化水分管理与排水。

3. 适应范围

适用条件：特别适合大豆生育前期受干旱影响严重、土壤肥力中等的平川地和岗地。

限制因素：不适用于无明显干旱问题或易出现内涝的二洼地、低洼地块。

4. 增产机理

保墒与集雨：覆膜显著减少土壤水分蒸发，保持土壤湿度，同时提升集雨效率。

增温与防寒：覆膜可提高土壤温度 3~5℃，有助于抵御早春低温，促进早期生长。

抑制杂草与病虫害：膜内环境不利于杂草生长，减少除草剂使用，同时可能降低某些病虫害发生。

优化养分利用：通过水分调节提高肥料利用率，促进土壤微生物活动，增强养分有效性。

延长生育期：覆膜虽不能提前成熟期，但可能通过改善生长条件使作物生育期更充分。

5. 增产特点

高效出苗：显著提高大豆出苗率，可减少播种量约 25%。

高效除草：有效控制膜内杂草，降低除草剂用量达 40%。

作业简化：覆膜后起垄、镇压、中耕次数减少，节约机械作业成本。

抗旱与增产：在干旱条件下，表现出高产量和高含油量，尤其在干旱年份增产效果显著。

增强抗灾能力：整体提升大豆抵抗自然灾害的能力，保障稳产。

综上所述，大豆行间覆膜技术通过科学的覆膜模式选择、精准的田间管理以及对特定生态条件的适应，实现了大豆种植的节水、节药、节能、增产、提质与抗逆，对于应对干旱等不利气候条件及提升大豆产业效益具有重要价值。

二 技术要点

1. 选地整地

选地：在土壤水分适宜时进行秋初整地，禁止湿整地。根据茬口类型，采取深松（35cm 以上）、耙茬（15 ~ 18cm）或旋耕（14 ~ 16cm）。

大垄整地：对于大豆大垄垄上行间覆膜，需起 1.3m 宽的平头大垄，镇压后垄台高度 10 ~ 15cm，垄台面宽 ≥ 90cm，要求垄台平整、无杂草秸秆、地头规整，可适时进行秋施肥、秋施药和镇压，以保持土壤墒情。

2. 品种选择

熟期适宜：依据当地积温或无霜期，选用能充分成熟且不浪费光热资源的品种。

性状要求：优先选择主茎发达、中短分枝、茎秆直立、单株生产力高、秆强抗倒伏的主栽品种或与其熟期相近的品种。

3. 地膜选择

采用拉力强，厚度 0.01mm，宽度 60 ~ 70cm 的地膜。

4. 适时播种

种子处理：种子纯度 ≥ 99%，净度 ≥ 98%，发芽率 ≥ 95%，水分 ≤ 13.5%，粒型均匀。根据土壤 pH 值和根腐病发生情况，选择合适的种衣剂配方进行包衣处理。

播种时间：覆膜技术可提前播种 7 天左右。原则为 5cm 耕层连续 5

天稳定在5℃左右时开始覆膜播种，具体日期参照各地气候条件。

覆膜标准：覆膜笔直，两侧压土各10cm，风沙地区适当加密横向压土，保持膜呈弓形，以便集雨。

机械播种：膜外精量点播，行直，苗带间距65cm，种子距膜3～5cm。

密度调整：遵循“肥地宜稀、瘦地宜密”原则，考虑品种特性、肥水条件和种植方式，每亩保苗1.6万～1.7万株。

5. 中耕除草

策略：以土壤处理为主，茎叶处理为辅，提倡播前土壤处理和秋施药。

药剂：苗前推荐使用丙炔氟草胺、异噁草松、精异丙甲草胺等安全性好的除草剂。

中耕管理：生育期机械中耕三遍，深度依次为15～18cm、8～12cm、8～12cm，注意保护根系，提高除草效果。

6. 化学调控

在初花期使用多效唑、三碘苯甲酸等调控剂，防止植株徒长和后期倒伏。

7. 病虫害防治

针对大豆食心虫、大豆蚜虫、灰斑病等病虫害，按常规病虫害防治技术进行防治。

8. 残膜回收

时机：7月初进行残膜回收，使用起膜中耕机同步作业。

后续管理：起膜后覆膜行间进行中耕，防旱防涝，抑制杂草生长。

9. 收获

当田间植株70%以上落叶、变黄时，采用分段收获或联合收获方式进行收割。

本技术适用于干旱地区或干旱年份，不宜在雨水多、低洼地块应用。

第六节 大豆保护性耕作技术

一 定义

大豆保护性耕作技术，又称大豆少耕或免耕技术，是一种以维护作物生长条件为基础，最大限度减少田间作业，并将秸秆粉碎还田覆盖地表（残茬覆盖率≥30%），运用机械化与半机械化手段确保播种质量的新型旱地耕作方法。该技术主要由免耕播种施肥、深松、杂草控制、秸秆及地表处理四大环节构成，其中免耕播种为核心。

二 技术优点

1.保护土壤

通过残茬覆盖地表和简化耕作，显著减少水土流失，增强土壤蓄水保墒能力。覆盖层有助于减少水分蒸发、减缓地表水流速度和储存降水，使得同等降水量下，保护性耕作地块越冬后土壤含水量比对照田高约17.4%。

2.抑制沙尘

覆盖的残茬有效降低地表沙尘飘移，有利于防治风蚀，改善生态环境。

3.培肥地力

秸秆还田增加了土壤有机质含量，有助于提升土壤肥力，促进土壤微生物活动，改善土壤结构。

4.节省劳力与机械

简化耕作过程显著减少了劳动力和机械投入，可提高农业生产效率。

5.优化播种期与品种选择

保护性耕作可实现提早播种，延长大豆生育期，有利于种植中晚熟、高产优质的品种，从而提高大豆产量。

6. 促进秸秆资源化利用

有利于秸秆直接还田，增加土壤有机质，减少秸秆焚烧导致的大气污染，实现农业废弃物资源化利用。

综上，大豆保护性耕作技术通过保护土壤、抑制沙尘、提升地力、节省资源、优化种植安排以及促进秸秆还田，展现出显著的生态效益、经济效益和社会效益，是旱地大豆种植的重要可持续发展策略。

三 技术要点

1. 秸秆覆盖技术

秸秆粉碎还田覆盖：针对玉米、小麦等前茬作物，通过联合收获机自带粉碎装置或秸秆粉碎机作业，实现秸秆粉碎并均匀覆盖地表。必要时进行表土作业或浅松作业。

整秆还田覆盖：分为玉米整秆覆盖（收获后秸秆直立地里，播种时撞倒或踩倒）和小麦整秆覆盖（脱粒后整秸秆覆盖）。

留茬覆盖：收割时留高茬（玉米 20cm，小麦 10cm），播种时用免耕播种机作业。

2. 免耕/少耕播种技术

免耕播种：一次完成破茬开沟、施肥、播种、覆土和镇压作业。

少耕播种：包括深松与表土耕作，深松至不破坏土壤结构和植被，提高降雨入渗率。播种深度通常为 3 ~ 5cm（沙土和干旱地区增加 1 ~ 2cm），施肥深度为 8 ~ 10cm（种肥分施）。大豆播种量为 4 ~ 5kg/亩。

3. 品种选择

选用高产、优质、耐除草剂的大豆品种，种子处理要求净度 ≥ 98%，纯度 ≥ 97%，发芽率 ≥ 95%。播前进行药剂拌种或浸种处理，播种量为 5 ~ 6kg/亩。

4.施肥

播种时施磷酸二铵 15kg/亩、氯化钾 10kg/亩，或大豆专用复合肥 30kg/亩。种子与肥料需分开，深施肥料。亦可在分枝期结合中耕培土施肥。

5.病虫草害防治

播种前种子药剂拌种，出苗期喷洒除草剂，出苗后期机械或人工除草。

6.化学调控

高肥力地块使用多效唑等调控剂在初花期防止倒伏，低肥力地块在盛花、鼓粒期叶面喷洒尿素、磷酸二氢钾及硼、锌微肥等防止早衰。

7.及时排灌

花荚期和鼓粒期遇严重干旱及时浇水，雨季遇涝及时排水。

8.注意事项

（1）适用于年降水量 250～800mm 地区，对土壤类型无严格限制，但对黏重、排水不良土壤需谨慎。

（2）确保播种质量，改进播种机性能，改善地表状态。

（3）及时控制杂草，调整施药时间，加强出苗后田间管理。

（4）根据地域特点制定适宜的保护性耕作工艺，如冷凉风沙区侧重控制沙尘暴和农田沙漠化，避免旋耕等作业。

第四章

夏大豆免耕栽培技术

掌上育种经
农技云讲堂
量产大丰收
防害必杀技

跟“码上”查看

第一节 夏大豆免耕栽培技术概述

一 概念与技术背景

1.概念

夏大豆免耕覆秸精量播种，就是利用专门的播种机在不对小麦麦秸、麦茬进行任何处理的条件下，直接进行播种。播种机前部为一个横向拔草装置，在拖拉机牵引播种机前行的过程中，将播种带上的全部秸秆和部分麦茬横向向左边拔出，紧接着进行侧深施肥和精量播种；等播种机回头播种下一行时，将拔出的秸秆均匀地覆盖在已经播种完毕的播种带上。

2.技术背景

夏大豆免耕播种技术是为了解决黄淮海地区麦茬大豆播种困难、出苗率低、封闭除草效果差以及秸秆焚烧污染环境等问题而研发的。在这一地区，农民通常在夏季收获小麦后接着种植大豆，形成一年两熟的种植周期。

然而，小麦收获后留在地里的秸秆量很大，导致大豆播种后出苗率低，而焚烧秸秆又会造成环境污染。

夏大豆免耕播种技术的应用不仅提高了大豆的产量和品质，还可节水保墒、减少化肥与农药用量、培肥土壤等，为农业生产的可持续发展提供了有力支撑。通过这项技术，大豆种植变得更加轻松简单，同时为农民增产增收提供了可靠的技术途径。目前，这项技术已在黄淮海地区大面积推广，累计应用面积超过 1 800 万亩，增产大豆 30 余万吨，减少秸秆焚烧 1 000 余万吨，为改善京津冀和黄淮海地区生态环境发挥了重要作用。

二 技术特点

这项技术通过一次作业完成清理秸秆、施肥、播种、除草等多个环节，有效利用麦秸覆盖土壤，保持土壤湿度，提高大豆出苗率。此外，这项技术还有助于减少化肥和农药的使用，培肥土壤，实现大豆绿色高效生产。

三 适用范围

夏大豆免耕播种技术主要适用于黄淮海麦、豆一年两熟区。这一地区包括安徽、江苏、山东、山西、河南、河北、北京等省市。这项技术特别适用于解决黄淮海地区大豆播种时麦秸麦茬处理困难、大豆播种质量差、雨后土壤板结严重影响大豆出苗、土壤有机质含量持续下降、生产成本居高不下等问题。

黄淮海地区的自然条件和农时情况对夏大豆的播种和生长有重要影响。该地区一般在小麦收获后进行夏大豆的播种，其中黄淮海中南部地区争取在 6 月 15 日前，北部地区在 6 月 20 日前完成播种。此外，该技术也适用于易涝地区，需要注意疏通沟渠，播种时开好“三沟”，以防涝害。

夏大豆免耕播种技术的推广应用，对于提高粮食单产水平、保障国家粮食安全具有重要意义。通过这项技术，实现了小麦秸秆的全量还田，解决了播种时秸秆堵塞播种机、麦秸混入土壤后造成散墒、影响种子发芽、土壤有机质下降等长期悬而未决的难题。此外，该技术还提高了土壤水分利用效率，避免了播种苗带土壤板结，提高了播种质量，降低了生产成本，并通过侧深施肥提高了肥料利用效率，同时保证了大豆品质。

第二节　大豆免耕栽培的播种管理

一　土地选择与准备

1. 土地选择

应选择适宜的地块进行夏大豆种植，最好是近 2 年未种过大豆的地块，以避免土传病害和连作障碍。同时，应考虑地块的土壤肥力、排水条件和前茬作物的残留情况。

2. 前茬作物处理

小麦收获后应及时进行破茬处理，清理畦梗及地边杂草，以减少后茬作物的杂草竞争。对于秸秆，可以采用秸秆粉碎抛撒的方式，或使用免耕覆秸精量播种机一次性完成播种、侧深施肥、秸秆覆盖等作业。

3. 土壤墒情管理

播种前应确保土壤墒情适宜，即土壤湿度应适中，既不宜过湿，也不宜过干。墒情不足时可通过造墒播种或播后喷灌补墒来调整。对于采用滴灌或微喷带浇灌的地块，播种深度应适当减小，以避免土壤板结而影响大豆出苗。

4. 土地整理

在播种前进行土地整理，包括平整土地、疏通沟渠等，以确保播种时土地条件良好，便于播种机作业。

二　秸秆处理

1. 秸秆覆盖原理

在小麦收获后，将秸秆均匀覆盖在大豆种植区域，覆盖厚度一般控制在 5~10cm。这种覆盖可以减少土壤水分散失，提高土壤湿度，为大豆萌发和出苗创造理想的环境条件。秸秆均匀覆盖不仅保湿、降温，还能防止土壤板结，提高大豆出苗率。

2. 技术实施

使用麦茬夏大豆免耕覆秸精量播种机，一次作业即可同步完成种床秸秆清理、精量播种、侧深施肥、覆土镇压、封闭除草、秸秆覆盖等作业环节。这种技术有效解决了麦茬夏大豆播种时的秸秆壅塞问题，保证了麦茬大豆精量播种。

3. 环境效益

秸秆全量还田可促进大豆和后茬作物均衡持续增产，杜绝秸秆焚烧，可减少环境污染，改善生态环境。该技术已在黄淮海地区大面积推广，累计应用面积超过 1 000 万亩，有效解决了麦茬夏大豆的播种难题，具有增产、节本、增效等多重优势。

三　机械设备调整

正式播种作业前，应按当地农艺要求，根据产品说明书调整播种机，确保各项作业指标满足要求。

1. 选择适用的排种盘

通过更换排种器上的排种盘，可实现玉米、大豆等不同作物的播种。其中，气力式排种器适用于玉米和大豆播种，根据不同作物种子形状、粒度大小选择孔径大小适宜的排种盘；更换排种盘时，应先打开排种器壳体，使用专用工具拆卸排种盘并更换，完成后将排种器壳体复位，并调整清种限位板位置和清种力度。指夹式排种器主要用于玉米播种，用于播种大豆时，可将指夹排种器更换为毛刷排种器，安装结构和空位应一致，并根据种子形状、粒度大小校核指夹复位弹簧力度，调整清种毛刷位置。

2. 行距调整

各播种单元在播种机框架上应均匀排布。奇数播种行播种机，应先确定中间行播种单元的位置，再根据行距确定其他行播种单元的位置，并固定好，防止松动；偶数播种行播种机，应先确定中间两行播种单元的位置。

3. 株距调整

按照播种机上的株距调节指示图进行调整，气力式播种机的株距调整一般在更换排种盘选择孔径大小的同时确定适宜的吸种孔数量，并通过调节播种机传动装置实现；指夹式播种机应调节播种机传动装置。传动装置调整时，采用地轮传动方式的播种机主要调整塔轮齿数比，通过改变传动速比实现播种株距的调整；电驱播种机主要调节电驱控制器，在控制器中找出株距调整选项，输入所需要的株距即可实现株距的调整。

4. 清茬防堵调整

通过调节三点悬挂及机具自带限位，调整秸秆切割装置、破茬清垄机构的位置，查看能否较好地切断并清理播种带的秸秆和杂草，应达到播种行秸秆少、清垄一致性好、无壅土及堵塞现象。

5. 播深调整

播深根据土质、墒情及作物种类合理选择，一般大豆播深 3cm 左右。播种机可通过播深轮上下位置或仿形限位轮手柄来调节播深。

6. 镇压力调整

覆土镇压力调整可通过镇压轮档位调节实现。大豆镇压力稍小，一般在 1 级镇压档位。

7. 排肥量调整

一般大豆每亩施用低氮缓控释肥（含氮量不超过15%）15～20kg。应按照播种机上的排肥量调节指示图，通过调整挡板开度或排肥轮转速实现大豆、玉米不同的排肥量。调整后应进行排肥量测试，作业过程中应关注肥管弯曲程度与流畅性，避免堆积堵塞。

8. 气力式播种机风机压力调整

气力式播种机应按照播种机说明书中行数等条件，对风机压力进行调整。播种过程中风机压力应保持稳定，并具备风压监测装置，实时监测风压情况。其中，拖拉机 PTO（动力输出装置）驱动风机的播种机，通过调节拖拉机 PTO 转速实现合理风机压力；液压马达驱动风机的播种机，通过调节液压马达转速实现合理风机压力。

四 播种

1. 选择良种

根据当地生产条件、地力基础和气候条件，选用经审定的优质高产、抗逆性强、适应性广、宜机化优良品种。玉米（大豆）高性能免耕播种机属单粒（精密）播种机，使用不达标种子会造成空穴，降低产量。因此，应选用合格的商品种子，种子纯度、净度、发芽率、含水率达到标准要求，并采用种子包衣或药剂拌种进行病虫害防治，形成“高品质商品种子＋高性能播种机”联合应用方式。

2. 种子处理

晒种　在贮藏条件差或种子含水量较高的情况下，播种前应晒2～3天。晒种一般能使发芽率提高13%左右。应注意的是，要在阴凉处晾晒，一定不要在强阳光下曝晒，因为曝晒会引起种皮破裂，降低种子的发芽率。晾晒后，将种子摊开散热降温，再装入袋子备用。

拌种　拌种的主要目的是防治蛴螬。秸秆还田以后，小麦秸秆覆盖于农田表土层，给蛴螬创造了良好的产卵环境，同时蛴螬以没有腐熟的有机质为食物，覆盖的秸秆为其提供了丰富的食物营养源；秸秆还田改变了土壤结构和性质，提高了土壤的通透性和保水性，十分有利于蛴螬的生长和发育。另外，除草剂的使用，减少了土地中耕次数，给蛴螬提供了相对稳定的生长发育环境，从而导致了蛴螬为害趋势加重。

每亩可用 100～150g 30% 毒死蜱微囊悬浮剂拌种。注意：拌种要在阴凉处，当药液喷洒到种子上时，应立即翻动，充分拌匀后摊开。此时不能再翻动，以免破坏种皮，影响发芽。待药液被完全吸收，种子不皱不粘连后即可播种。

3. 适墒播种

黄淮海地区一般在小麦收获后 1 周内完成播种，夏大豆可因地制宜浅耕后播种。小麦收获后，若墒情适宜，应立即抢墒播种；若墒情较差，应等墒播种或浇水造墒后播种。若适播期内未达到播种条件，应及时改种早熟品种，并适当增加种植密度。

4. 合理密植

种植密度应按照“肥地宜稀，薄地宜密”的原则执行。夏大豆稀植时茎秆粗壮，长势强，单株荚数和单株粒数较多，粒大，千粒重增加，籽粒外观品质佳。但是，大豆种植密度过小，群体较小，总体产量肯定不高。当然也不是越密越好，密度过大，株间光照差，导致植株徒长，容易诱发病害、倒伏。

根据品种特性、土壤肥力、管理水平等，确定适宜种植密度，构建合理群体结构。针对肥水供应充足、生产条件整体较好，并且使用耐密抗倒伏品种地块，可适当增加密度，大豆亩播粒数增至 13 000～16 000 粒，亩保苗增至 12 000～15 000 株。根据亩播粒数和当地农艺要求确定合理的种植株距和行距，为下一步调整播种机的理论株距和行距奠定基础。黄淮海地区大豆行距一般为 30～40cm，株距一般为 12～14cm。

第三节 夏大豆免耕栽培的田间管理

一 除草

1. 苗前除草

如果土壤墒情较好，可在大豆播种后拱土前每亩用90%禾耐斯125mL+70%赛克津可湿性粉剂30g+48%广灭灵乳油75mL，兑水25kg进行土表喷雾，能够除掉各种杂草。

2. 苗后除草

在大豆出苗后，杂草有3片叶时，如果是禾本科杂草，每亩可用5%精喹禾灵乳油80mL，或用15%精吡氟禾草灵乳油50~65mL，兑水20~30kg进行土表喷雾；如果是阔叶杂草，每亩可用氟磺胺草醚水剂50mL，或44%克莠灵水剂80mL，兑水25kg进行土表喷雾。

大豆有4片复叶时，可用锄头浅除杂草2次，达到灭草、松土、保墒、抗旱等目的。杂草种子未成熟前，可以人工拔除田间杂草。需要注意的是，为了避免后茬作物产生药害，严禁使用高残留农药。喷药机车在作业前，要调好喷头流量，流量差不超过额定流量的2%，喷头雾化良好，喷速稳定，不重喷，不漏喷。风力在3级以上时，不可喷除草药液。

二 施肥

1.施肥原则

大豆施肥要坚持“前轻后重，浅少深多”的原则。由于大豆是深根作物，浅根较少，所以施肥时需要深施，才能使大豆根系吸收更多肥料养分，保证大豆快速生长，提高抗旱和抗倒能力。如果肥料施浅了，遇到干旱，肥料不易溶解，大部分肥料挥发，同时，大豆根系吸肥也较少，肥料利用率就低。

2.施肥方法

多年种植实践证明，大豆产量在260kg/亩左右时，底肥可施复合肥(配比16:16:16)25kg/亩。大豆长出4片复叶时，用锄头开沟深施磷酸二铵10kg/亩，腐熟土杂肥2 500kg/亩，钾肥15kg/亩。大豆在初花期，可用磷酸二氢钾0.2kg/亩，进行叶面喷施，确保花果不会脱落。大豆开花结荚时，如果土壤肥力较差，花荚长势较弱，可追施尿素5kg/亩，过磷酸钙7.5kg/亩；可用磷酸二氢钾0.15kg/亩+尿素0.5kg/亩+多元液体肥0.1kg/亩+杀虫剂，进行叶面喷施，兼治食心虫、灰斑病等，可促进大豆后期生长发育、保花保荚，使果实饱满。

三 防旱排涝

在易涝地区，应注意疏通沟渠，播种时开好“三沟”。大豆苗期适当控水，促进大豆根系下扎；花荚期如遇干旱天气，建议灌溉补水，促进大豆结荚和鼓粒。对旺长田块，在分枝期或初花期喷施生长调节剂，控制节间伸长，防止倒伏。

四 中耕培土

1. 第一次中耕

在大豆显行时进行，主要以深松、放寒、增温、保墒为主，深松必须在深松机上配置前浅后深两个深松钩，前钩深度 19cm，后钩深度 29cm，才能达到深松、放寒、增温效果。整机深松钩后部，必须配备碎土装置，才能达到深松后的保墒效果。

2. 第二次中耕

在第一次中耕 7 天后进行，主要用三杆齿深松，可视条件决定是否配备小铧，要求中间杆齿深度在 29cm，两边杆齿深度 10cm，并留 9cm 的护苗带。此次中耕要留有充足的活土，为后期中耕培土作业打下基础。

3. 第三次中耕

在第二次中耕 10 天后进行，这次中耕不但要松好土，而且还要培土到大豆子叶痕迹处。

4. 第四次中耕

在大豆封垄前进行，如果中耕过晚，就会伤损大豆根系，造成大豆落叶落花现象，这次中耕培土也要培到大豆子叶痕迹处。通过后两次的培土，相对提高了大豆结荚高度，为后期联合收获机收获创造了有利条件。

5. 起垄

在大豆种植地起垄时，可采用带整形机的起垄机械进行起垄。在平整后的土地上进行起垄作业时，要求垄向标直，弯曲度不超过 2%，行距符合农艺设计要求，垄体饱满，垄高要达到 25cm 以上，各垄间高低差在 ±2cm 之间，垄沟深度要大于 20cm，地头起落整齐、到头、到边。

五 统防统治，绿色防控

播种后及时进行封闭除草，也可在大豆 2～3 片复叶期进行苗后除草。选用含有吡虫啉、噻虫嗪以及杀菌剂的种衣剂包衣防治主要病害、苗期刺吸式昆虫危害。注意防治点蜂缘蝽、灰飞虱、红蜘蛛、蚜虫等虫害，重点防治点蜂缘蝽，预防“症青”现象发生。提倡统防统治，早晨或傍晚点蜂缘蝽活动较迟钝，防治效果良好。药剂施用避免重喷、漏喷，提高防除效果。

六 适时收获

大豆收获时间一定要把握好，如果收获时间过早，大豆籽粒尚未成熟，会降低大豆百粒重与蛋白质、油分含量等指标，特别是用机械收获时，还会因茎秆含水量过高而造成“泥花粒”增多，影响大豆外观品质；如果收获时间过晚，大豆果实失水过多，会造成大量炸荚掉粒而影响产量。

大豆叶片全部脱落，植株呈现原有品种色泽，籽粒含水量降为 16%～18% 时可进行机械收获。建议选用大豆专用收获机或配备大豆专用割台的收获机收获。使用稻麦收获机收获时注意调整拨禾轮转速，减轻对植株的击打力度，减少落荚、落粒。同时，要正确选择和调整脱粒滚筒的转速与间隙，降低大豆籽粒的破损率。

第五章

菜用大豆高产高效栽培技术

防害必杀技
量产大丰收
农技云讲堂
掌上育种经

“码上”查看

第一节　菜用大豆优良品种

一　菜用大豆品种

1. 台 292

具有稳产高产、荚大粒满、早熟质佳等特点。株型紧凑，株高35～40cm，平均分枝数1～1.5个，单株有效荚数20～25个。鲜荚呈嫩黄绿色、灰毛，以二粒荚为主，荚大小均匀。百荚鲜重250g左右，亩产鲜荚500～600kg。播后72天可摘鲜荚。豆荚采收期、保鲜期均较长。

2. 台 75

株型紧凑，株高50～60cm，茎秆粗壮，抗倒伏。结荚较疏，单株有效荚数20～23个，豆荚较其他品种略宽、略大。鲜荚色泽翠绿、灰毛，百荚鲜重280g左右，亩产鲜荚500～600kg。鲜荚肉清香可口；干豆淡绿色滚圆，有光泽，种脐白色，百粒重超过33g。成熟稍迟，播种后77天可采鲜荚。采收期、保鲜期均较长。

3.8901

植株较矮，株高18～23cm，结荚部位大约4cm，分枝2～3个。主茎与分枝结荚密，结荚部位豆荚呈簇状，易采摘。单株有效荚数25～32个，百荚鲜重260g左右，亩产鲜荚600～650kg。鲜荚深绿色，采摘期、保鲜期最长，不易黄老，有利于卖青荚。豆荚比台292稍小，三粒荚比例高，豆粒饱满，豆肉味鲜易煮。干粒绿皮滚圆，外观不如台75。该品种耐肥抗倒，可适当多施有机肥，生育期间要注意田间杂草防除。

4. 矮脚毛豆

株型紧凑，株高18～23cm，分枝数1个，单株有效结荚数10～13个，以二粒荚为主，鲜荚色泽淡、灰毛，荚比其他品种小。百荚鲜重 180～220g，易剥壳。矮脚毛豆早熟，播后 70 天可摘青荚。该品种可适当密植。

5. 大粒白

株型紧凑、株高 30～35cm，分枝 2 个，结荚部位较低。单株有效结荚数 20～23 个，以二粒荚为主。荚大小与台 292 相近，灰毛，籽粒饱满，百荚鲜重 240g 左右。该品种较早熟，但采摘期、保鲜期短于其他品种。

二 栽培模式

1. 大棚加小拱棚栽培

为了延长鲜毛豆的上市时间并提高种植效益，许多地区采用了大棚栽培技术。通过控制大棚内的温度和湿度，可以实现冬季覆盖保温栽培，从而在非传统生长季节生产菜用大豆。1 月中、下旬至 2 月上、中旬播种，“五一”前后至 5 月下旬采收鲜荚上市。

2. 地膜覆盖栽培

3 月中、下旬用地膜覆盖播种，6 月中旬采收鲜荚上市。地膜大豆可与小麦、玉米、棉花等间作套种。

3. 露地直播

这是最常见的栽培模式，菜用大豆在自然气候条件下进行种植和生长。根据季节的不同，露地栽培又可分为春季栽培和夏季栽培。春大豆于4月上旬至5月上旬播种，7月采收鲜荚上市；夏大豆5月中旬至6月中旬播种，8月或9月采收鲜荚上市。

4.反季节种植

在早稻、地膜花生或春玉米收获后，翻秋种植一季菜用大豆，于国庆节前后采收鲜荚上市。

5.“青菜—菜用大豆”轮作

轮作栽培可以改善土壤结构和肥力，3月下旬至5月上旬开始播种菜用大豆，8月份菜用大豆基本上收割完成，再播种一季青菜。

菜用大豆的栽培模式需要根据当地的气候、土壤、市场需求等因素进行选择，同时还需要注意品种选择、播种时间、施肥管理、病虫害防治等方面的问题。

第二节　菜用大豆大田露地栽培

一　选地、整地与施底肥

1.选地

选择排灌条件方便，土层深厚，通透性好，有机质含量高、pH值6.5左右的沙壤土种植，以水旱轮作田为宜，忌豆科连作。土壤过于肥沃，植株易旺长，枝长叶大，不抗倒伏，常出现授粉不良、花而不实的现象；土壤过于贫瘠，菜用大豆生长发育不良，产量不高，效益差。

2.整地

播种前要深翻做畦，连畦带沟宽80～85cm，畦高25～30cm。

3.底肥

菜用大豆生育期很短，施肥要重施底肥。每亩施腐熟有机肥2 000kg，三元复合肥 25 ~ 30kg，硫酸锌 2kg，硼砂 2kg 做底肥；或用尿素 15kg，磷肥 50kg 和钾肥 25kg 做底肥；也可用 50 ~ 100kg 复合肥做底肥。

二 适时播种

1. 种子处理

种子在阳光下晒 1 ~ 2 天，过筛精选，拣除病粒、秕粒、虫伤或破损的种子。为预防褐纹病、白粉病的发生，可用 50% 福美双可湿性粉剂和 15% 三唑酮可湿性粉剂加少量水拌种，两种药的用量均为用种量的 0.1%。种子晾干后播种，效果较好。

2. 播种时机

应根据当地气温、品种生育期、市场消费习惯和价格变化等，合理调整菜用大豆的播种期。一般露地播种，当气温稳定在 10℃以上时，即可进行。

（1）春播：特早熟栽培，2 月中下旬保护地育苗，3 月上中旬植入中小棚，加盖地膜，5 月中旬到 6 月上旬采收。一般春播栽培，3 月中下旬保护地育苗，4 月上中旬移栽或直播于大棚，定植于加盖地膜的土地上，6 月下旬至 7 月中下旬采收。

（2）夏播：选用中晚熟品种，于 4—6 月直播，8—9 月采收。

（3）秋播：选用晚熟品种，于 7—8 月直播，10—11 月采收。

3. 播种方法

培育壮苗最好采用条播法，在畦面上按行距开小沟，将处理好的种子均匀地播在小沟内，种间距 3 ~ 3.5cm，边开沟边播种。穴播时，穴距 20 ~ 30cm，每穴 3 ~ 4 粒。下种后回土盖种，厚度 2cm 左右，以不露种为宜。盖种过深，往往因湿度大、温度低而发生烂种。有条件的最好用腐熟的细厩粪盖种，有利于保水和防止土壤板结。

4. 合理密植

行距 25 ~ 35cm，株距 23 ~ 25cm，每亩 1.5 万株左右，每亩用种量 5kg

左右，每穴播 2 粒。根据不同品种、不同播期调整种植密度，一般极早熟或早熟品种密度应大。

三 田间管理

1. 查苗补苗

菜用大豆露地直播后，可能出现缺苗现象。定植苗缓苗后，基生叶不健全的弱苗，也应拔除，及时补栽健壮苗。补栽用苗要提前预留或是同期培育的壮苗，补苗时宜用暗水，先在定植穴内浇水，等水渗入穴内一半时，把补栽苗放入穴内，然后盖平覆土。

2. 中耕除草

菜用大豆直播出苗后或育苗定植成活后，应进行中耕松土，以利于提高土壤温度，改善透气性，为菜豆根系向下和扩展伸长及根瘤菌的活动提供良好的条件。在中耕时还要结合除草，减少杂草的竞肥力。

3. 及时追肥

中耕可破除地面板结，追肥结合中耕进行。第一次追肥在真叶展开后，每亩施尿素 5～6kg，氯化钾 6kg，并根据田间生长情况，酌施分枝肥。

第二次追肥在封垄前进行，视苗情每亩用尿素 1～1.5kg，耕深 10cm，培土以不超过第一复叶节为宜。

4. 水分管理

幼苗期：该期需水量较少，主要是蹲苗扎根。早春土壤水分过多，地温低，不利于根系发育和根瘤的形成，要注意排水。

开花结荚期：需水量较多，占全生育期的一半以上。出现干旱，要及时灌跑马水。

鼓粒期：此期为菜用大豆生殖生长关键时期，水分充足有利于加速体内物质运转，促进鼓粒。如遇干旱，易造成植株早衰，降低籽粒饱满度；如遇涝，影响鼓粒，造成贪青。

5. 抑制徒长

秋播大豆盛花期后及时打顶，即将主茎顶端摘心 1～2cm。如生长旺盛，可对茎叶喷生长调节剂抑制徒长，封垄前要培土。花期和结荚期缺水、营养不足、光照不足等都可导致落花落荚，应针对原因采取相应措施。此外，还要控制密度，早期间苗，后期摘心，以及用 0.02% 的三碘苯甲酸喷洒叶面。

四 采收保藏

1. 及时采收

一般在荚果鼓粒达到 80% 以上、荚壳外观呈翠绿色时采收青鲜荚。此时豆粒鲜嫩，风味好，外观品质俱佳。

2. 保藏加工

为延长鲜食菜用大豆的储藏期和货架期，通常采用密封冷藏。塑料袋加乙烯吸收剂或吸收膜的储藏效果优于网袋，最适宜的储藏温度为 0℃。具体为先在 0℃的冰水中预冷，然后再包装在加乙烯吸收剂的聚乙烯袋内，这样保藏效果最好。

第三节 菜用大豆地膜覆盖栽培

地膜覆盖栽培是一种通过在土壤表面覆盖地膜来改善作物生长环境的农业技术。这种技术在菜用大豆的种植中可以有效提高地温、保湿、抑制杂草生长、减少病虫害发生，从而促进菜用大豆的早熟和增产。

一 播种准备

1. 深耕整地

菜用大豆是需要深耕的作物，厚 20～30cm、上松下实的耕作层比较适宜其根系生长和根瘤菌的繁殖。因此，整地应使畦面平整，保蓄土壤水分，畦宽 1.3～1.5m，沟宽 30cm，便于覆膜；要求田间排水畅通，土壤细碎，以利播种出苗。

2. 选用良种

春播一般宜选用生育期 100～120 天，且短日性强的大粒型青豆或黄豆。

3. 种子处理

选用发芽力强的大粒种是保证全苗、壮苗的关键，播前剔除破粒、病粒、杂粒，并晒种 2～3 天，但不能在烈日下暴晒，以免破皮。有条件的可用钼酸铵拌种。

4. 重施基肥

菜用大豆的氮素主要来自根瘤固氮、土壤中的氮素和施肥，比例大致为 6:3:1。为获得高产，施足基肥仍很重要，一般播前结合耕地，每亩施硫酸铵 1.5～5kg，常规复混肥 15～20kg。

二　田间管理

1. 适时播种

当 5cm 土温达到 8～10℃时，菜用大豆即可春播。在有的地区，播种时间可提前到 3 月上、中旬，但需地膜覆盖或进行小拱棚育苗移栽。进行地膜覆盖的，当 2 片子叶露出土面，土温在 10℃以上时，即可破膜放苗，并用细土盖好破洞口，增加土温，防止幼苗受冻。

2. 合理密植

早熟春大豆一般保苗 18 000～20 000 株 / 亩，株行距 15cm×18cm 或 12cm×21cm，用种量大粒种 7.5kg / 亩左右，小粒种 4.5～5kg / 亩。

3. 保温保湿

定植 3～5 天后密闭不通风，保温保湿。随着幼苗的生长发育，破膜放苗，逐渐延长地膜通风时间，加大通风量。3 月下旬气温上升，若无强冷空气,夜间可不覆盖通风口。

4.水分管理

菜用大豆播种时,需确保水分充足,以促进发芽、出苗整齐。菜用大豆生长季节,应开好田间沟系,及时排除积水。坐荚前宜少浇水,一般土壤不发白不浇水,结荚后浇水采用穴浇或沟浇。

5.肥料管理

出苗后 15 ~ 20 天亩施用 45% 三元复合肥 10 ~ 15kg;开花后期至结荚期用 0.2% ~ 0.3% 磷酸二氢钾溶液进行根外追肥,后期如遇干旱缺肥,叶片明显褪色,可用 1% 尿素进行根外追肥;初花期及多雨季节严格控制施用氮肥。

三 适期采收

豆荚充分长大,豆粒饱满鼓起,豆荚由碧绿色转浅绿色适时采收。此时豆粒糖分含量高,口味香甜,品质佳。采收过迟,豆粒硬,糖分含量低,口感差;采收过早,秕粒多,产量低。采下的青豆荚应存放在阴凉处,或整体连根拔起,除去叶片、空荚和虫害荚,并扎成小束出售,这样可较长时期保持鲜嫩。

第四节　菜用大豆大棚栽培

菜用大豆采用大棚栽培方式，不仅能有效抵御不良气候影响，实现反季节种植，还能提高产量与品质，增加经济效益。

一　品种选择

1. 抗病性强

选择对锈病、霜霉病、病毒病等有较强抗性的品种，如"绿宝石""早熟毛豆 1 号"等。

2. 适应性好

根据气候条件、土壤类型和市场需求，选择适宜当地生长、生育期适中、商品性好的品种。

3. 品质优良

优先选择豆粒饱满、色泽鲜亮、口感柔嫩、营养价值高的品种。

二　大棚设施准备

1. 选址

选择地势平坦、土壤肥沃、排水良好的地块建设大棚，避免低洼易涝或风口位置。

2. 大棚结构

选用钢架结构，棚膜选择透光率高、保温性能好、抗老化能力强的无滴膜。棚宽一般为 6 ~ 8m，长度视地块而定。

3. 配套设施

安装卷膜器、防虫网、遮阳网、灌溉设施及通风设备等，以满足大棚内温度、湿度、光照调控需求。

三 播种与定植

1. 土壤准备

大棚内的土壤要具备较好的肥力和排水性。清除杂草和残留植物，然后在土壤中加入有机肥料，通过耕作和翻耕等手段将有机肥料均匀混入土壤中，以提高土壤肥力。播前精细整地，均匀施肥，亩施腐熟农家肥2 500～3 000kg，过磷酸钙 25kg。大棚内做成两畦，畦沟宽 30cm，深 20cm。

2. 播种时间

根据反季节上市目标和品种特性确定播种时间，一般春季大棚播种在1 月中下旬至 2 月上旬，秋季大棚播种在 7 月中旬至 8 月上旬。具体的播种时间可能因地区气候条件不同而有所差异。

3. 播种密度

播种深度 10cm 左右，播种过浅不易出苗。播后加盖地膜，促进苗齐、苗全、苗匀、苗壮。行距 40～50cm，株距 15～20cm，每穴播 2～3 粒种子，亩播种量 3～4kg。

4. 育苗移栽

可采用营养钵或穴盘育苗，出苗后适时移栽。移栽时注意保护根系，定植深度以子叶与地面平齐为宜。

四 田间管理

1. 温度调控

播种后保持白天温度 25～30℃，夜间不低于 15℃；出苗后白天控制在20～25℃，夜间 15～18℃。通过通风、覆盖遮阳网等方式调节棚内温湿度。根据大豆不同生长阶段的要求进行温度控制，种子发芽和幼苗期保持较高温度，花蕾生长期保持较低温度。

2. 光照管理

保持大棚内充足的光照，可以使用透明塑料薄膜覆盖提高光照强度。

同时注意遮阳，避免高温日光照射。

3. 水肥管理

遵循“前控后促”的原则。苗期适当控水，开花结荚期需供给充足水分，保持土壤湿润。基肥以有机肥为主，追肥以氮、磷、钾复合肥为主，配合施用钙、镁、硼等微量元素肥料。苗期应看苗施肥，苗弱、叶色浅时施适量氮肥。初花期每亩追施尿素 10kg，复合肥 5kg。结荚期叶面喷施 0.4% 磷酸二氢钾和 1% 尿素溶液，可有效提高结荚数，增加产量。

4. 植株调整

及时摘除第一花序以下的侧枝，以促进主茎生长和上部花序发育。后期可根据植株长势适当打顶，防止倒伏。

5. 病虫害防治

坚持“预防为主，综合防治”的方针。定期巡查，发现病虫害早期症状立即采取生物防治、物理防治或化学防治措施。常见病害有锈病、霜霉病、病毒病，害虫有豆荚螟、蚜虫、红蜘蛛等。

五 采收与保鲜

1. 适时采收

当豆粒饱满、豆荚仍呈绿色、籽粒与豆荚壁之间有明显空隙时为最佳采收期。过早采收影响产量，过晚采收豆粒变硬，口感下降。

2. 采收方法

手工采摘，轻拿轻放，避免损伤豆荚。采收后及时剔除病虫荚、畸形荚和破损荚。

3. 保鲜储存

采收后尽快放入冷藏库（0～5℃）保存，或用湿布包裹后放入塑料筐中，置于阴凉处，避免阳光直射。

第六章

大豆玉米带状复合种植技术

防害必杀技
量产大丰收
农技云讲堂
掌上育种经

跟"码上"查看

第一节 大豆玉米带状复合种植概述

一 大豆玉米带状复合种植技术概念

大豆玉米带状复合种植技术是一种集约化农业生产的模式，旨在提高土地利用率和作物产量。该技术通过在同一块土地上同时种植大豆和玉米，利用两种作物的生长特性相互促进，达到增产增收的目的。

大豆是一种生长期短、比较耐阴抗倒的作物，对其他作物的田间管理影响较小。大豆根瘤可以固氮，种植大豆还能养地。因此，大豆适合与多种作物、果树间作套种。大棵作物间套种大豆还能减轻草害，既省工，又能保土。

二 大豆玉米带状复合种植技术现状

根据中国农业大学经济管理学院的研究，大豆玉米带状复合种植技术在我国具有巨大的发展潜力。通过农户调研数据和典型案例调查资料可以看出，该技术不仅能有效提升土壤地力水平，还能显著增加粮食产量和质量。例如，在安徽省萧县实施的大豆玉米带状复合种植技术方案中，通过机械板茬直播和种肥同播的方式，实现了大豆与玉米的有效轮作，提高了土地利用率和作物产量。

此外，农业农村部在2023年继续在17个省（自治区、直辖市）开展大豆玉米带状复合种植技术示范，旨在稳定西北地区技术实施规模，扩大西南、黄淮海和长江中下游地区推广面积。这表明国家对推广该技术给予了高度重视。

大豆玉米带状复合种植技术通过科学的种植管理和技术创新，为提高农业生产效率和可持续发展提供了有力支持。

第二节　大豆玉米带状复合种植的模式与播种

一　种植模式设计

1.带型选择

4∶2模式：实行4行大豆与2行玉米带状复合种植。生产单元宽270cm，其中，大豆行距30cm，玉米行距40cm，大豆带与玉米带间距70cm。播种机械，可利用2BMZJ-6型或2BMFJ-PBJZ6型玉米大豆间作施肥播种机，实现玉米、大豆2:4模式间作。

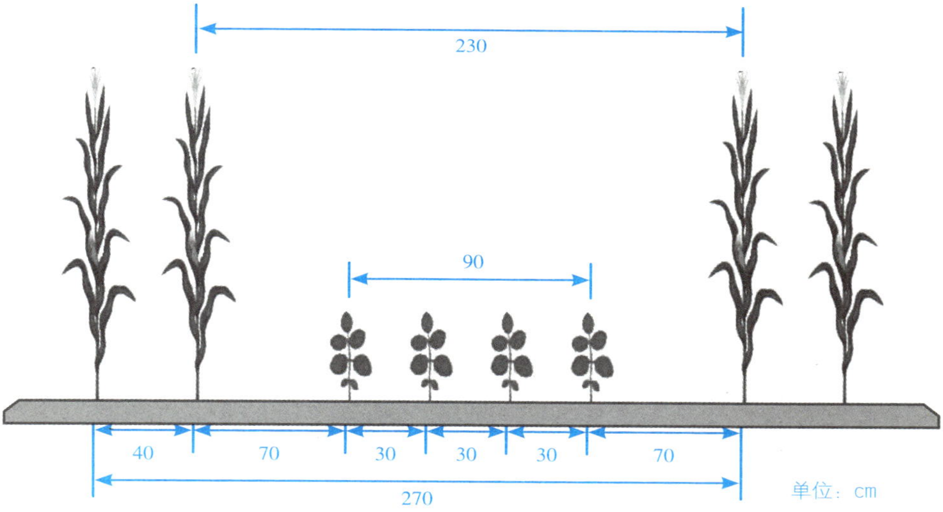

4∶3模式：实行4行大豆与3行玉米带状复合种植。生产单元宽330～345cm，其中，大豆行距30～35cm，玉米行距50cm，大豆带与玉米带间距70cm。可利用机械分别播种，先播玉米，然后播大豆。

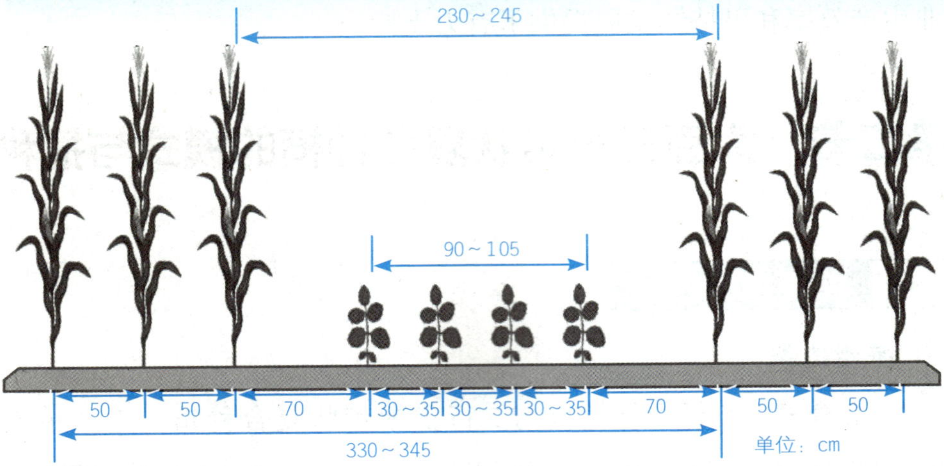

6∶3模式：实行6行大豆与3行玉米带状复合种植。生产单元宽390cm，其中，大豆行距30cm，玉米行距50cm，大豆带与玉米带间距70cm。可利用两台机械分别播种，先播玉米，然后播大豆。

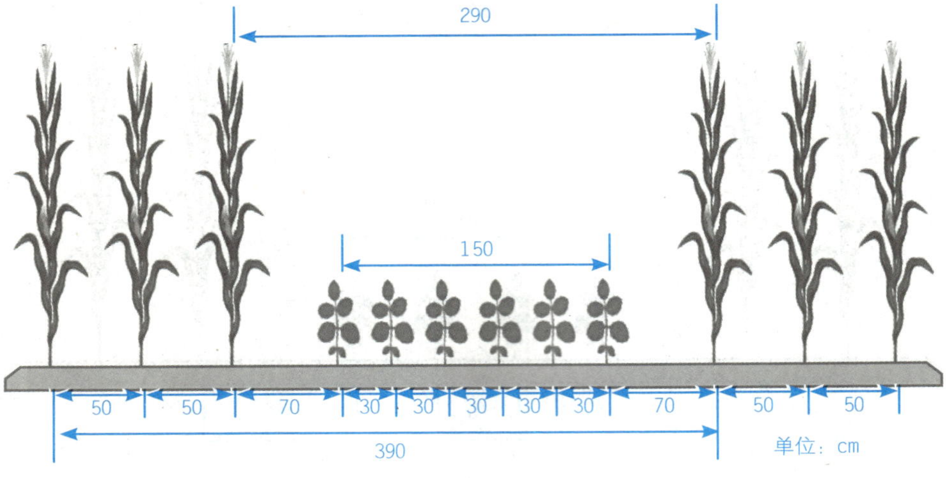

2. 行距配置

一般大豆行距为30 ~ 40cm，玉米行距为60 ~ 70cm。大豆与玉米相邻行间距30 ~ 40cm，确保大豆受光充足，同时便于玉米中后期通风透光，减少病虫害发生。

3. 播期搭配

根据当地气候条件，通常玉米早播 5~7 天，保证玉米在生长初期对光照、温度的需求优势，避免与大豆竞争。大豆播种时应确保土壤温度稳定在 10℃以上，以利于出苗。

二 品种选择与种子处理

1. 品种选择

选择适宜当地生态条件、抗逆性强、熟期相近的大豆和玉米品种。大豆应选择株型紧凑、耐阴、抗倒伏的品种，玉米则选择株型较矮、抗倒、抗病、早熟且适宜密植的品种。

2. 种子处理

播种前进行种子精选，剔除病虫粒、破损粒和杂质。种子应进行包衣处理，增强抗病虫能力，提高出苗率。玉米种子可选用含有防治地下害虫成分的种衣剂，大豆种子则侧重防病、促根、壮苗的种衣剂。

三 播种时间和方式

1. 播种时间

根据当地气候条件，合理安排播种时间。

2. 播种方法

采用机械播种或人工播种均可。机械播种可提高播种效率和播种质量。播种时要注意控制播种深度和播种量，确保出苗整齐。大豆播种深度为 3 ~ 4cm，玉米播种深度为 4 ~ 5cm。

3. 适宜密度

大豆玉米带状复合种植，玉米密度应与当地同品种净作玉米密度相当，一行玉米的株数相当于净作玉米两行的株数；大豆密度在当地同品种净作大豆密度的 70% 以上。

第三节　大豆玉米带状复合种植的田间管理

一　合理施肥

1. 大豆

基肥施用：在播种前，应施用充足的基肥。基肥的作用是为大豆提供持久的养分供应，促进根系发育和植株生长。一般每亩施用有机肥500～1 000kg，同时加入适量的磷肥和钾肥。可以采用沟施或撒施的方法，将肥料均匀施入土壤中。

追肥管理：大豆在生长过程中需要适时追肥。追肥的作用是为大豆提供生长所需的营养元素，促进开花和结荚。一般在大豆的初花期和结荚期进行追肥，每亩追施尿素5～10kg或复合肥10～15kg。可以根据大豆的生长情况和土壤肥力调整追肥的次数和数量。

叶面施肥：在大豆生长后期，为了提高产量和质量，可以进行叶面施肥。叶面肥可以通过叶片直接吸收，快速补充大豆所需的营养。一般使用磷酸二氢钾、尿素、硼肥等叶面肥，每隔7～10天喷施一次。喷施时要选择无风的天气，避免肥液飘散到其他作物上。

2. 玉米

基肥施用：在播种前，应施用充足的基肥。这可以为玉米的初期生长提供必要的养分。基肥通常以有机肥为主，如腐熟的农家肥或畜禽粪便，同时配合适量的复合肥。要确保基肥均匀施入土壤中，并与土壤充分混合。

分期追肥：玉米在生长过程中需要分期追肥。根据玉米的生长阶段和养分需求，适时追施氮肥、磷肥和钾肥。一般而言，玉米在拔节期、大喇叭口期和抽雄期对养分的需求较大。在这些关键时期，应根据土壤肥力和玉米的生长情况，合理确定追肥的种类和数量。

叶面施肥：在玉米生长后期，为了补充养分和提高产量，可以进行叶面施肥。叶面肥可以通过叶片直接吸收，快速补充玉米所需的营养。常用的叶面肥包括磷酸二氢钾、尿素等。喷施叶面肥时，应选择无风的天气。

二　除草方法

1.播前除草

灭茬处理：如果有上一茬作物残留物（如麦茬），建议在播种前进行灭茬处理，以减少对封闭除草效果的影响。

播前喷雾：针对已有的田间杂草，可选择灭生性除草剂，如36%草甘·草铵膦水剂，按推荐剂量（例如200mL兑水20kg）进行均匀喷雾，全面清除田间杂草。

2.播后苗前封闭除草

土壤封闭处理：播种后、出苗前，使用对玉米和大豆均安全的除草剂进行土壤封闭。推荐药剂如下：

（1）精异丙甲草胺（或乙草胺）：针对禾本科（单子叶）杂草。

（2）唑嘧磺草胺（或噻吩磺隆、二甲戊灵、砜吡草唑）：可增强对阔叶杂草的防控。

（3）草胺膦：根据需要使用，以增强对阔叶杂草的控制效果。

施药条件：确保土壤湿度适宜，选择无风或微风天气施药，以提高药效并防止药液飘移。遵循药剂说明书中的用量和稀释比例用药。

3.苗后定向除草

玉米苗后除草：玉米苗后3～5叶期，选用烟嘧磺隆+氯氟吡氧乙酸（或二氯吡啶酸、灭草松），在玉米种植带内进行定向茎叶喷雾。

大豆苗后除草：大豆3～4片三出复叶期，选用精喹禾灵（或高效氟吡甲禾灵、精吡氟禾草灵、烯草酮)+乙羧氟草醚(或灭草松),在大豆种植区域内定向茎叶喷雾。

4.特殊情况及辅助措施

转基因品种:如果种植的是具有特定抗性基因的双抗(草甘膦与其他除草剂)玉米和大豆品种,可在苗后统一使用草甘膦进行除草。

除草剂失效后的补救:若土壤封闭效果不佳,需及时进行苗后茎叶喷雾处理。

三 化学控旺

1.大豆

选择合适的药剂:常用的植物生长调节剂包括多效唑、烯效唑等。在分枝期或初花期选用5%烯效唑控旺防倒,用量为每亩24~48g,兑水40~50kg后用喷雾机对叶面均匀喷施。

确定最佳喷施时期:一般来说,大豆的初花期是喷施植物生长调节剂的最佳时期。此时大豆的生长旺盛,喷施药剂可以有效控制其旺长,同时避免对后期产量造成不良影响。

控制药剂用量:药剂的用量应根据大豆的生长情况和药剂的推荐用量来确定,避免过量使用导致药害或效果不佳。

注意喷施方法:喷施药剂时要均匀喷雾,避免重喷或漏喷。同时,要注意避开大豆的开花部位,以免对授粉和结实造成不良影响。

2.玉米

玉米生长调节剂:如矮壮素、缩节胺、烯效唑等。这些药剂能抑制玉米植株顶端生长优势,促进茎秆增粗,增强抗倒伏能力。一般在玉米6~10叶期(即大喇叭口期至抽雄前)施用,使用推荐剂量(如矮壮素1 000倍液,缩节胺2 000~3 000倍液,烯效唑1 500倍液)喷洒玉米叶片。

植物生长延缓剂:如多效唑。多效唑可以显著降低玉米株高,使植株矮化、茎秆粗壮，增强抗倒伏能力。施用时期同上。一般推荐剂量为每亩150～300g，稀释成水溶液喷施。

施药注意事项：施药时需采用带有隔板的喷雾器，将玉米控旺剂仅喷洒在玉米植株上，避免药液飘移到大豆上，影响大豆生长。

四 机械收获

1.确定收获时期

大豆：当大豆叶片全部落净，摇动植株有响声，籽粒呈现大豆品种固有色泽，表明大豆已达到适宜收获期。

玉米：玉米在完熟期收获最佳，此时表现为果穗苞叶变黄干燥，籽粒基部黑色层形成，籽粒乳线消失，籽粒含水量降至25%～30%。

2.选择适宜收获机具

玉米收获：使用与玉米带行数和行距相适应的自走式玉米联合收获机。如4:2模式选择整机宽度小于等于1.6m的2行自走式玉米联合收获机，4:3、6:3模式选择整机宽度小于2.1m的3行自走式玉米联合收获机，6:4模式选择4行自走式玉米联合收获机。

大豆收获：选择割台宽度与大豆带幅宽相匹配的自走式大豆联合收获机，推荐配备大豆收获专用挠性割台，以降低收获损失率。如4:2、4:3模式选用割台宽度大于1.4m的机型，6:3、6:4模式选择割台宽度大于2.45m的机型。

3.收获方式

先收玉米后收大豆：若玉米先于大豆成熟，优先使用玉米收获机收获玉米。待大豆成熟后，再使用大豆收获机收获大豆。

先收大豆后收玉米：若大豆先于玉米成熟，优先使用大豆收获机收获大豆。待玉米成熟后，再使用玉米收获机收获玉米。

大豆玉米同时收获：若两者同期成熟，可采用现有大豆和玉米联合收获机前后同时分别收获，保持适当距离，避免互相影响。

4. 机具调整与改造

玉米收获机：确保割台配置与玉米带行数和行距精确匹配，行距偏差不超过 5cm。调整脱粒滚筒转速、凹板间隙等参数，以适应不同成熟度和含水量的玉米籽粒。

大豆收获机：调整割台高度、割刀角度、清选风速等参数，确保大豆收获过程中切割、输送、清选等环节的损失最小。如有必要，对现有收获机进行局部改造，如加装大豆收获专用部件，以适应复合种植模式。

5. 减损收获作业

试收与调整：大面积作业前，进行试收，检查收获作业质量，根据实际效果及时调整机具参数，确保最佳收获效果。

操作技巧：作业时保持匀速前进，避免急停急起；根据作物倒伏情况调整割台高度和喂入角，尽量减少倒伏大豆收获损失。收获倒伏大豆时应先放慢作业速度，原则上倒伏角小于 45°时顺向作业；倒伏角 45~60°时逆向作业；倒伏角大于 60°时，要尽量降低收获速度。

监测损失：在收获过程中定期监测作物损失，如发现损失超标，立即查找原因并进行调整。

6. 收获顺序与组织

梯次推进：现场作业时，大豆专用收获机在前，玉米收获机紧随其后，按照从北到南或其他适宜方向梯次推进，确保两种作物收获互不影响。

作业协调：对于大面积复合种植区域，应合理调度收获机具，保持合理的作业间隔，确保连续、有序、高效地完成收获任务。

第七章

大豆病虫草害防治技术

防害必杀技
量产大丰收
农技云讲堂
掌上育种经

“码上”查看

第一节 大豆生长过程中病虫草害防治

一 大豆主要病虫草害的综合防治

1. 农业措施

品种选用：选择适宜当地种植的大豆抗（耐）病品种。播前应严格精选种子，选择籽粒饱满，外观完整，种皮光泽的种子，清除霜霉、紫斑、赤霉、灰斑等病粒，黑（褐）粒，虫粒，以及草籽、土块等杂质。

合理轮作：合理轮作倒茬，避免重茬和迎茬种植。不与花生、向日葵、油菜及小杂豆（红小豆、芸豆等）、麻类等作物连作或相邻种植。

科学播种：适期播种，在地温稳定在8~10℃时播种，播种深度应在4～5cm，合理密植。

合理施肥：增施磷钾肥、腐熟的有机肥和农家肥等，合理配置氮、磷、钾等营养元素的比例，实现养分的平衡。适当补充锌、锰、钼、硼等微量元素肥料，提高大豆抗病能力。

田间管理：播前精细整地，翻耕深度在20～30cm，做成平、碎、净的疏松平整的耕层。及时清除田间杂草，开沟排水，加强排涝能力。及时铲除田间中心病株，收获后及时翻地，清除菌核、病残体等并集中销毁，减少田间菌源量。

2. 物理防治

田间放置银灰塑料薄膜驱避蚜虫，预防蚜虫传播病毒病。

3. 生物措施

优先使用生物农药，保护利用草蛉、瓢虫和食蚜蝇等蚜虫自然天敌，防治蚜虫危害。

4.化学措施

土壤处理：在播种前，可对土壤进行消毒处理，以减少土壤中的病原菌和害虫。消毒剂的选择应确保对大豆生长无不良影响。对线虫病、根腐病等土传病害，在大豆播种前或生长期进行土壤处理。

种子处理：使用含有杀菌剂、杀虫剂的药剂进行种子包衣或拌种，可以保护种子在发芽和幼苗期免受病虫害的侵袭，提高保苗率。

药剂防治：根据病害种类，结合气象条件和品种的抗病性，于病害发生初期及时用药防治。

二 大豆播种期主要病虫草害防治

播种期进行种子处理或土壤处理是防治大豆病虫草害的有效措施。

主要防治对象：地下害虫、苗蚜、大豆胞囊线虫病、大豆紫斑病、霜霉病、炭疽病等。

防治措施：喷施芽前除草剂、药剂拌种、土壤处理。

三 大豆苗期主要病虫草害防治

根据大豆苗期对环境的不同要求以及大豆苗期的特性采取相应的管理措施。

主要防治对象：花叶病、病毒病、蚜虫、杂草。

防治措施：及时防治蚜虫，病毒侵染，喷施除草剂。

四 大豆开花结荚期主要病虫草害防治

大豆开花结荚期主要争取花多、花早、花齐，防止花荚脱落。要看苗管理，保控结合，高产田以控为主，避免过早封垄郁闭，以在开花末期达到最大叶面积为好。7 月下旬以后大豆进入开花、结荚期，一般到 9 月成熟，这一时期病虫害种类多、危害重，是防治病虫害，保证产量和品质的关键阶段。

主要防治对象：紫斑病、霜霉病、菌核病、细菌性斑点病、大豆卷叶螟、大造桥虫等。

防治措施：喷施杀虫剂、杀菌剂、除草剂。

五 大豆鼓粒成熟期主要病虫草害防治

鼓粒成熟期是大豆积累干物质最多的时期，也是产量形成的重要时期。促进养分向籽粒中转移，促粒饱，增粒重，适期早熟则是这个时期管理的核心。这个时期缺水会使秕荚、秕粒增多，百粒重下降。秋季遇旱无雨，应及时浇水，以水攻粒对提高产量和品质有明显作用。大豆黄熟末期为适收期。

主要防治对象：豆天蛾、斜纹夜蛾、大豆食心虫、豆荚螟、紫斑病、霜霉病、炭疽病、赤霉病、荚枯病等。

防治措施：喷施杀虫剂、杀菌剂。

第二节 大豆病害防治技术

一 大豆猝倒病

1.症状

大豆猝倒病是一种在大豆种植期间易发的真菌性病害，主要由瓜果腐霉和德巴利腐霉引起，这两种真菌属于鞭毛菌亚门。该病害主要侵染幼苗的茎基部，近地表的幼茎发病初期会出现水渍状条斑，随后病部变软缢缩，呈黑褐色，导致幼苗迅速折倒死亡。严重时，还会引起根部腐烂。

2.发生规律

大豆猝倒病从大豆种子萌芽至生育前期均可发病。其发生与大豆的生长阶段密切相关，在幼苗期更为常见。

3. 防治方法

农业防治：与非豆科作物轮作，减少土壤中病原菌积累。改善排水条件，避免低洼积水；增施有机肥，改善土壤结构，增强土壤通透性。适时早播，避开低温潮湿时段；适当稀播，保持田间通风透光；播种深度适宜，避免过深导致根部湿度过大。

生物防治：使用拮抗菌、微生物肥料等生物防治产品，改善土壤微生态环境，抑制病原菌生长。

化学防治：采用播前拌种或苗期灌根的方法。播前拌种时采用35%甲霜灵拌种剂30g拌大豆种子10kg；苗期灌根可选用40%三乙膦酸铝可湿性粉剂400倍液，或25%甲霜灵可湿性粉剂800倍液，或72.2%霜霉威水剂800倍液。以上药剂中，甲霜灵拌种剂的防治效果最好。

二 大豆根腐病

1. 症状

大豆根部出现黑褐色或红褐色的病斑，随着病情发展，根部逐渐坏死，导致植株矮化，叶脉变色，严重时整株死亡，大幅度减产。初期茎基部或胚根表皮可能出现淡红褐色不规则的小斑，后变为红褐色凹陷坏死斑，绕根茎扩展，致根皮枯死。

2. 发生规律

大豆根腐病的发生与多种因素有关，如土壤湿度、种植密度、气候条件等。镰刀菌是引起大豆根腐病的主要病原菌之一，在春季低温、降水较多时易引起发病。此外，大豆重茬、迎茬也是导致根腐病发生的重要因素。

3. 防治方法

农业防治：选用抗病品种，实行轮作，避免连作豆类作物；合理灌溉，避免田间积水；整地深翻，减少病原菌残留。

生物防治：使用拮抗菌、微生物肥料等改良土壤微生物环境，抑制病原菌生长；种植覆盖作物，以改善土壤结构和生物多样性。

化学防治：使用化学药剂进行防治，如58%甲霜灵·锰锌可湿性粉剂600倍液喷雾。种子处理也是防治大豆根腐病的有效方法，如使用含有精甲·咯菌腈、吡唑醚菌酯等成分的种子处理剂处理种子。

三 大豆立枯病

1. 症状

大豆立枯病主要危害幼苗的茎基部或地下根部。发病初期，病斑多为椭圆形或不规则形状，呈暗褐色。幼苗在早期表现为白天萎蔫，夜间恢复的状态，并且病部逐渐凹陷、缢缩，甚至逐渐变为黑褐色。当病斑扩大绕茎一周时，整个植株可能会受到影响。此外，幼苗和幼株主根及近地面茎基部出现红褐色稍凹陷的病斑，皮层开裂呈溃疡状，病菌的菌丝起初无色，以后逐渐变为褐色。

2. 发病规律

大豆立枯病的发生与多种因素有关，包括连作、种子质量差等。连作发病重，因为病菌在土壤中连年积累增加了菌量。种子质量差也会导致发病重，特别是发霉变质的种子。此外，高温多湿条件易使病害发展迅速。

3. 防治方法

农业防治：选择抗病品种种植；与禾本科作物实行3年轮作，这不仅可以增加生物固氮能力，还能控制农田病虫草害，减少温室气体排放；选用排水良好且干燥的地块种植，以避免地表湿度过大。对于低洼地，可以采用垄作或高畦深沟的方式种植，并合理密植，雨后及时排水，以防止土壤过湿。调节土壤pH值，使土壤微显碱性，建议每亩施用生石灰50~100kg。

种子处理：建议使用种子量0.3%的40%甲基立枯磷乳油，或50%福美双可湿性粉剂，或50%多菌灵可湿性粉剂，或50%甲基硫菌灵可湿性粉剂拌种。

化学防治：发病初期可用40%三乙膦酸铝可湿性粉剂200倍液，或25%多菌灵可湿性粉剂500倍液灌根；用58%甲霜·锰锌可湿性粉剂500倍液，或69%烯酰·锰锌可湿性粉剂1 000倍液，20%甲基立枯磷乳油1 200倍液，50%多菌灵可湿性粉剂800～1 000倍液，64%噁霜·锰锌可湿性粉剂500倍液等喷雾防治，隔10天左右喷1次，连续防治2～3次，并做到喷匀喷足。

四 大豆胞囊线虫病

1. 症状

根部症状：受害大豆植株的根部形成异常肿大的结节（根结），这些结节最初呈乳白色，随着线虫生命周期的发展逐渐变为黄褐色。根结内部含有成熟的雌虫，形成胞囊。受害根系由于根结的影响，正常生长受到抑制，表现为根系发育不良，侧根数量减少，细根增多，根瘤稀少或不发育。

地上部症状：植株整体矮小，生长势弱，叶色呈现黄化现象，叶片变小且可能早落。开花期推迟，花器丛生，花朵及嫩荚萎缩，结荚数量显著减少，豆荚小且籽粒不饱满。严重时，病株提前枯死，田间植株生长参差不齐，出现成片黄化现象，造成大面积减产。

2. 发生规律

本病发生与土壤类型、土壤质地、土壤温湿度及耕作制度等因素有关。温度高，土壤湿度适中，通气状况较好，线虫发育快。最适宜的温度为18～26℃。通气良好的土壤，如轻壤土、沙壤土等粗结构的土壤和老熟瘠薄地、沙岗地、坡地等胞囊密度大，线虫病发生早且发病重。多年连作地的土壤内线虫数量逐年增多，危害逐年加重。

3. 防治方法

农业防治：杜绝带有线虫的种子进入无病区。与非寄主植物实行合理轮作，如玉米、小麦、谷子等，减少土壤内线虫数量。施用有机肥，改善土壤结构，促进大豆根系生长，提高植株抗病性。清理田间病残体，减少线虫来源。

生物防治：利用微生物制剂（如淡紫拟青霉、蜡状芽孢杆菌等）抑制线虫生长或激活土壤有益微生物群落，降低线虫危害。利用线虫的自然天敌（如捕食线虫的昆虫）进行防治。

药剂拌种：用种子重量0.1%～0.2%的1.5%二硫氰基甲烷（菌线威）颗粒剂，兑100～200倍过筛湿润细土，拌种后直接播种。或用20.5%多菌灵·福美双·甲维盐悬浮种衣剂拌种，药剂与种子比例为1:（60～80）。

土壤处理：用棉隆熏蒸，播前10～15天在20cm土层沟施，每亩用98%颗粒剂或75%可湿性粉剂6.6～8kg。施药后盖土，熏杀15天后松土播种。此药不可用于拌种。

每亩用1.5%二硫氰基甲烷200～400g，加腐熟过筛的有机肥100～200kg拌匀，随播种施入播种沟。

每亩用0.5%阿维菌素颗粒剂2～3kg，或5%克线磷颗粒剂3～4kg，拌适量细干土混匀，在播种时撒入播种沟内，不仅可以防治线虫，还可防治地下害虫等。

五 大豆菌核病

1.症状

大豆菌核病是由核盘菌引起的，主要发生在大豆的苗期、花期及花荚期。该病害主要危害大豆的叶片、豆荚及茎秆。在苗期，病株茎部会出现水渍状或者棉絮状的菌丝；在花期发病时，会出现植株枯萎、茎叶腐烂的现象，后期大豆全株会干枯萎缩而死。此外，大豆菌核病还会导致幼苗倒伏、死亡，尤其是在湿度大的条件下，病部会长出棉絮状白色菌丝，后病部干缩呈黄褐色，植株枯死。

2. 发生规律

病原菌以土壤中和混在种子间的菌核越冬，种子亦可带病。越冬后的菌核，在大豆封垄后，温湿度适宜时，萌发成为初次侵染源，靠风雨传播。大豆花期病原孢子落到花上，利用花的养分萌发，在花开过以后侵染进入植株。病原菌在茎内部向上发展，然后转到茎秆的外部，表现为秆腐症状。重迎茬大豆，低洼地大豆，密度大、长势繁茂的大豆发病重；7 月底至 8 月降雨多的年份发病重；施氮肥过多，大豆生长繁茂，茎秆软弱，倒伏地块发病重。宽垄种植，株间增加通风透光，可以减轻病害。

3. 防治方法

农业防治：收获后清除病残体，秋季深翻，与小麦、水稻等实行 3 年以上轮作。选用无病、耐病品种并进行种子处理。及时排水，降低田间湿度，避免施氮肥过多。

药剂防治：发病初期，喷洒 70% 甲基硫菌灵可湿性粉剂 600 倍液，或 50% 扑海因可湿性粉剂 1 000 倍液，或 50% 速克灵可湿性粉剂 600 ~ 1 000 倍液。7 ~ 10 天后再喷一次，可获得较好效果。

六 大豆霜霉病

1. 症状

幼苗：发病初期，第一对真叶基部出现褪绿斑块，沿主脉、侧脉扩展，呈现淡黄色的斑块。当湿度大时，病斑背面产生灰白色霉状物，病叶转黄变褐而干枯，造成植株萎缩、矮化，叶片凋萎和早落，严重者会早期死亡。

成株：叶片发病，密生圆形或不规则形黄绿色小斑点，后逐渐变成褐色，周围呈深褐色，大小 2~3mm，病斑多呈三角形，病健交界明显。叶背的病斑上产生灰白色霉状物，后变为灰色或淡紫色。病斑可愈合成较大的斑点，引起叶片早期脱落。

豆荚：外部症状不明显，但拨开豆角，病粒表面附有许多灰白色或黄色的菌丝层,粉末状,用手触摸感觉明显。

2.发生规律

大豆霜霉病病菌以卵孢子在病残体上或种子上越冬,在适宜的条件下萌发,寄生在大豆植株上,在不断繁殖过程中进行再侵染。一般在连续雨天,湿度大、气温凉爽的时节,在种植过密、通风透光差的田地发病重。多在成株上发生病害。

3.防治方法

农业防治:清理田间病残体,减少初侵染源;合理密植,改善通风透光条件;避免过度灌溉,降低田间湿度。与其他作物轮作种植3年以上,大豆霜霉病的情况会得到较大改善。

生物防治:应用拮抗微生物如荧光假单胞菌等进行生物防治。释放天敌昆虫如捕食性螨等控制病害传播媒介。

化学防治:在苗期发病后或落花后喷洒药剂,可选用40%百菌清悬浮剂600倍液,或25%甲霜灵可湿性粉剂800倍液,58%甲霜·锰锌可湿性粉剂600倍液,64%噁霜·锰锌可湿性粉剂500倍液,72%霜脲·锰锌可湿性粉剂700~800倍液,47%春雷·王铜可湿性粉剂600~800倍液,77%氢氧化铜可湿性粉剂1 000倍液,65%代森锌可湿性粉剂500~1 000倍液,72.2%霜霉威水剂600~800倍液,52.5%噁酮·霜脲氰可分散粒剂2 000倍液,50%福美双可湿性粉剂500~1 000倍液,70%丙森锌可湿性粉剂500~700倍液,69%烯酰·锰锌可湿性粉剂900~1 000倍液等喷雾防治。15天喷一次,连续喷2~3次。

也可选用混剂25%甲霜灵可湿性粉剂600倍液+50%福美双可湿性粉剂500~800倍液,或20%苯霜灵乳油800~1 000倍液+65%代森锌可湿性粉剂500~1 000倍液,72.2%霜霉威水剂800~1 000倍液+75%百菌清可湿性粉剂500~800倍液等喷雾防治。每亩用药液量40kg,视病情间隔7~10天喷洒一次,连喷2~3次。

七 大豆锈病

1. 症状

大豆锈病是一种真菌性病害，病原菌属担子菌亚门。该病害主要危害叶片、叶柄和茎。叶片两面均可发病，一般情况下，叶片背面病斑多于叶片正面，初生黄褐色斑，病斑扩展后叶背面稍隆起，即病菌夏孢子堆，表皮破裂后散出棕褐色粉末，即夏孢子，致叶片早枯。生育后期，在夏孢子堆四周形成黑褐色多角形稍隆起的冬孢子堆。

2. 发生规律

大豆锈病发病季节，病原菌在南部沿海各省从南向北随气流作长距离传播，夏孢子可以随雨而降。降水量大，降水日数多，持续时间越长发病越重。在南方秋大豆播种早时发病重，品种间抗病性有差异，鼓粒期受害重。

3. 防治方法

农业防治：在病害高发区选用抗性强的品种可以有效降低发病率。注意开沟排水，采用高台或大垄垄作，防止田间湿气滞留。采用测土配方施肥技术，从根本上提高大豆植株的抗病能力。

生物防治：利用锈病拮抗菌、生物农药等进行生物防治，释放有益微生物改善植物健康状况。

化学防治：发病初期喷洒75%百菌清可湿性粉剂600倍液，或36%甲基硫菌灵悬浮剂500倍液，10%抑多威乳油3 000倍液。每亩喷兑好的药液40千克，间隔10天左右喷一次，连续喷施2～3次。

八 大豆紫斑病

1. 症状

大豆紫斑病的病原菌为菊池尾孢，属半知菌亚门真菌。大豆紫斑病属广谱性病害，在我国大豆产区普遍发生，常于大豆结荚前后发病。主要危害豆荚和豆粒，也危害叶片和茎秆。豆荚病斑近圆形，灰黑色，边缘不明显。豆粒上的病斑紫色，形状不定，仅限于种皮，不深入内部。叶片上的病斑初为紫色圆形小点，散生，扩展后形成多角形褐色或浅灰色斑，生有黑色霉状物。茎秆上形成长条状或梭形红褐色病斑，严重时整个茎秆变成黑紫色，病斑融合成大斑块而导致茎秆变黑干枯。

2. 发生规律

病菌以菌丝体潜伏在种皮内或以菌丝体和分生孢子在病残体组织上越冬，成为翌年初侵染源。种子带菌，引起幼苗子叶发病，病苗或叶片上产生的分生孢子借风雨传播，进行初侵染和再侵染。大豆开花期和结荚期多雨、高温、高湿，容易引起大豆紫斑病重度发生。

3. 防治方法

农业防治：实行轮作，及时处理残茬病株以及田间杂草，大豆收获后及时深耕，减少病原菌基数；加强田间管理，合理密植，增施磷、钾肥，提高作物抗病性。

种子处理：选用优质种子包衣剂进行大豆种子包衣，或者用 50% 福美双可湿性粉剂（用量为种子重量的 0.3%）拌种。

化学防治：最佳防治时期为大豆开花始期、蕾期。可用 50% 多·霉威可湿性粉剂 1 000 倍液，或 70% 甲基硫菌灵悬浮剂 800 倍液 +80% 代森锰锌可湿性粉剂 600 倍液，50% 异菌脲可湿性粉剂 100g / 亩，25% 丙环唑乳油 40mL/ 亩兑水喷雾。大豆结荚期、嫩荚期再各喷一次，防治效果更佳。

九 大豆花叶病毒病

1. 症状

染病植株先是上部叶片出现淡黄绿相间的斑驳，叶肉沿着叶脉呈泡状凸起，接着斑驳皱缩越来越重，叶片畸形，叶肉突起，叶缘下卷，植株生长明显矮化，豆荚呈扁平、弯曲等畸形症状。受害植株结荚数减少，百粒重下降，褐斑粒增加。常见发病类型有：

轻花叶型：叶片生长基本正常，只出现轻微淡黄色斑块。一般抗病品种或后期感病植株都表现为轻花叶型。

皱缩花叶型：叶片呈黄绿相间的花叶，并皱缩呈畸形，沿叶脉呈泡状突起，叶缘向下卷曲或扭曲，植株矮化。

重花叶型：叶片也呈黄绿色相间的花叶，与皱缩花叶型相似，但皱缩严重，叶脉弯曲，叶肉呈紧密泡状突起，暗绿色。整个叶片的叶缘向后卷曲，后期叶脉坏死，植株也矮化。发病大豆成熟后，籽粒明显减小，豆粒有浅褐色病斑。

2. 发生规律

种子带毒在田间形成病苗是该病初侵染来源，长江流域该毒源可在蚕豆、豌豆、紫云英等冬季作物上越冬，翌年成为初侵染源。该病的再侵染由蚜虫传毒完成。东北地区主要是大豆蚜和豆蚜传毒，发病初期蚜虫一次传播范围在 2m 以内，5m 以外很少，蚜虫进入发生高峰期传毒距离增加。

3. 防治方法

农业防治：选用抗病品种；合理安排播期，避开蚜虫高峰期；清除田间及周边杂草，减少传毒媒介。

生物防治：利用天敌昆虫如瓢虫、草蛉等控制蚜虫数量，使用植物免疫诱抗剂提高植物抗病能力。

化学防治：喷施杀蚜剂如吡虫啉、啶虫脒等防治传毒媒介。

十 大豆灰斑病

1. 症状

本病是低洼易涝地区大豆的主要病害，可对产量产生 5%～50% 的影响，受害大豆百粒重降低、品质下降，发病较重时籽粒上会产生黑色病斑，严重影响外观品质。主要危害大豆叶片，严重时也侵害茎、荚及种子等部位。

带病种子长出的幼苗，子叶上呈现半圆形深褐色凹陷斑，天气干旱时病情扩展缓慢，低温多雨时病害扩展到生长点，病苗枯死。成株叶片染病初现褪绿小圆斑，后逐渐形成中间灰色至灰褐色，四周褐色的蛙眼斑，大小2～5mm，有的病斑呈椭圆形或不规则形。湿度大时，叶背面病斑中间生出密集的灰色霉层，发病重的病斑布满整个叶片，最终病斑融合，导致病叶干枯。茎部染病产生椭圆形病斑，中央褐色，边缘红褐色，密布微细黑点。荚上病斑圆形或椭圆形，中央灰色，边缘红褐色。豆粒上病斑圆形或不规则形，边缘暗褐色，中央灰白，病斑上霉层不明显。

2. 发生规律

病菌以菌丝体或分生孢子在病残体或种子上越冬，成为翌年初侵染源。病残体上产生的分生孢子比种子上的数量大，是主要初侵染源。种子带菌后子叶上即见病斑，温湿度条件适宜时病斑上产生大量分生孢子，借风雨传播进行再侵染，造成田间大面积发病。但风雨传播距离较近，主要侵染四周邻近植株，形成发病中心，后通过发病中心再向全田扩展。

3. 防治方法

农业防治：选用抗病品种并及时更换。大豆灰斑病生理小种较多，优势小种变化频繁，导致品种抗性很不稳定，在生产中应密切注意病菌毒力变化，及时更替新的抗病品种。合理轮作避免重茬，收获后及时深翻，消除田间病残体。

化学防治：对叶部或籽粒上病害，可于大豆结荚盛期采用飞机喷洒36% 多菌灵悬浮剂 500 倍液，或 40% 百菌清悬浮剂 600 倍液，50% 甲基硫菌灵可湿性粉剂 600～700 倍液，50% 苯菌灵可湿性粉剂 1 500 倍液，65% 甲霉灵可湿性粉剂 1 000 倍液，50% 多霉灵可湿性粉剂 800 倍液，隔 10 天左右 1 次，防治 1～2 次。

十一 大豆炭疽病

1.症状

叶片、茎、荚、种子上出现近圆形或不规则形红褐色病斑，病斑中央有黑色小点，湿度大时有红色黏质物。

2.发生规律

病菌在病残体上越冬，高温高湿利于病害发生，连作地块发病重。

3.防治方法

农业防治：选用抗病品种或无病种子，保证种子不带病菌。播前精选种子，淘汰病粒。合理密植，避免施氮肥过多，提高植株抗病力。加强田间管理，及时深耕及中耕培土。雨后及时排除积水，防止湿气滞留。收获后及时清除田间病株残体或实行土地深翻，减少菌源。提倡实行 3 年以上轮作。播种前用 50% 多菌灵可湿性粉剂或 50% 异菌脲可湿性粉剂，按种子重量 0.5% 的用量拌种；或用 40% 萎锈·福美双悬浮剂 250mL，拌 100kg 种子；或用 50% 福美双可湿性粉剂，按种子重量 0.3% 的用量拌种；或用 70% 丙森锌可湿性粉剂，按种子重量 0.4% 的用量拌种。拌种后闷 3～4 小时播种。

生物防治：利用拮抗微生物如枯草芽孢杆菌、木霉菌等防治炭疽病。

化学防治：在大豆开花期及时喷洒药剂保护种荚不受害。可选用 50% 甲基硫菌灵可湿性粉剂 600 倍液，或 50% 多菌灵可湿性粉剂 600 倍液，75% 百菌清可湿性粉剂 800 倍液，50% 咪鲜胺可湿性粉剂 1 000～1 500 倍液，80% 炭疽福美可湿性粉剂 800 倍液，10% 苯醚甲环唑水分散粒剂 2 000～3 000 倍液，25% 溴菌腈可湿性粉剂 500 倍液，47% 春雷·王铜可湿性粉剂 600 倍液等喷雾防治。

第三节　大豆虫害防治技术

一　大豆蚜虫

1. 症状

大豆蚜虫主要侵害大豆的叶片和嫩茎，吸取汁液，造成叶片皱缩，植株矮小，产量降低。受害处叶绿素消失，形成鲜黄色的不规则圆形斑，并不断扩大，变为褐色。严重时，叶卷缩，根系发育不良、发黄，植株矮小，分枝及结荚减少。

2. 发生规律

大豆蚜虫的发生与气候因素有很大关系，一般情况下，当气温高，湿度适中时（温度 25℃左右，相对湿度 75% 以下），有利于大豆蚜虫繁殖。从 6 月下旬开始，是大豆蚜虫发生的初期，而到 8 月中下旬能达到高发期。

3. 防治方法

农业防治：及时铲除田边、沟边、塘边杂草，减少虫源。

化学防治：使用 75% 的 3911 乳剂或 40% 甲基异柳磷乳剂，按种子重量的 0.2% ~ 0.3% 用量拌种可防治苗期蚜虫。另外，可以使用 3% 啶虫脒乳油防治。

生物防治：利用瓢虫、草蛉、食蚜蝇、小花蝽、烟蚜茧蜂、菜蚜茧蜂、蚜小蜂等控制蚜虫。

物理防治：可利用银灰色膜避蚜和黄板诱杀。拖网防治和人工捕捉也是有效的物理防治方法。

二 大豆食心虫

1. 症状

大豆食心虫主要通过幼虫钻入豆荚内咬食豆粒为害。轻度受害时，豆粒被咬出沟道，形状似兔嘴；重度受害时，大半豆粒被吃掉，豆荚内充满粪便，这会显著降低大豆的产量和品质。

2. 发病规律

大豆食心虫在东北地区一年发生一代，以老熟幼虫在豆田或晒场及附近的土内（3 ~ 5cm深）作茧越冬。主要在花期过后到结荚期为害。

3. 防治方法

农业防治：选用抗虫或耐虫品种，可以有效减少食心虫的危害。合理轮作，尤其是远距离轮作，可以显著降低虫食率。适时播种和收获，避开食心虫成虫产卵高峰期，减少嫩荚虫食率和蛀荚率。

生物防治：利用赤眼蜂、胡蜂、小茧蜂等进行生物防治。

化学防治：成虫盛发期使用高效氯氟氰菊酯等杀虫剂喷雾。初孵幼虫阶段选用苏云金杆菌、氯虫苯甲酰胺等杀虫剂防治。收获前在大豆垛底施药，使用灭杀毙乳油等杀虫剂处理，以杀死后期脱荚的食心虫。

三 大豆豆荚螟

1. 症状

大豆豆荚螟是一种主要危害豆科植物的害虫，田间症状包括幼虫在豆荚内蛀食，被害籽粒轻则蛀成缺刻，重则蛀空；被害籽粒内充满虫粪，发褐以致霉烂；受害豆荚味苦，不堪食用。

2. 发生规律

黄淮流域一年发生 5~6 代，主要以蛹在表土中越冬，翌年 5 月底至 6 月初始见成虫，以 2~4 代为田间主要为害代。豆荚螟从上部向下部为害，以上部幼虫分布最多。雨量多、湿度大的年份发生较轻，雨量少、湿度低的年份发生较重，荚毛多的品种受害重。

3. 防治方法

农业防治：合理轮作，避免豆科植物连作，可采用大豆与水稻等轮作，或玉米与大豆间作的方式。选用抗虫品种也是减轻危害程度的有效方法之一。

生物防治：在豆田设置黑光灯诱杀成虫。释放寄生蜂如螟黄赤眼蜂、广赤眼蜂等防治豆荚螟卵。使用生物农药如 BT 制剂防治幼虫。

化学防治：使用苏云金杆菌、氯虫苯甲酰胺、高效氯氟氰菊酯等杀虫剂进行防治；也可以选用 10% 吡虫啉可湿性粉剂 1 000 ~ 2 000 倍液，或 20% 好年冬乳油 1 000 ~ 1 500 倍液等药剂防治。

四 大豆烟粉虱

1. 症状

烟粉虱属半翅目粉虱科，以成虫、若虫聚集在叶片背面，刺吸叶片汁液。虫口密度大时，叶片正面出现成片黄斑，大量消耗植株养分，导致植株长势衰弱。成虫或若虫还大量分泌蜜露，导致灰尘污染叶片，影响光合作用。

2. 发生规律

烟粉虱主要在双层大棚、温室等较温暖环境中的蔬菜、花卉等寄主植物上越冬。随着气温回升，烟粉虱开始在不同作物上繁殖，虫口密度逐渐升高。当日平均气温超过 26℃时，烟粉虱的繁殖速度会迅速加快，达到种群数量的高峰。随着温度的逐渐下降，露地寄主上的烟粉虱数量也会随之减少，部分成虫会转移到大棚、温室内等温暖环境中的寄主上。风力可以将烟粉虱吹散到其他地方，人为活动如农事操作也可以导致烟粉虱的扩散。主要危害阔叶作物，喜食叶片背面茸毛较为丰富的作物，如大豆、棉花、瓜茄类等。对于叶片光滑、无毛的植物，烟粉虱则不太喜欢。大豆作为其主要寄主之一，受害程度会因烟粉虱的种群数量和气候等因素不同而有所变化。

3. 防治方法

农业防治：烟粉虱天敌包括寄生性天敌和捕食性天敌，如蚜蜂属及瓢虫、草蛉和小花蝽等，生产中应注意保护利用。

物理防治：对虫量小、为害轻的地块应尽量少用化学农药防治，宜采用粘板诱杀成虫的方法加以控制，以保护天敌。每亩设置粘板 30 块以上，置于行间，与植株高度相同。

化学防治：当被害植物叶片背面平均有 10 头成虫时，进行喷雾防治。药剂可选用 22.4% 螺虫乙酯悬浮剂 1 250 ~ 1 900 倍液，或 50% 噻虫胺水分散粒剂 5 000 ~ 6 500 倍液，25% 噻嗪酮可湿性粉剂 2 000 倍液，1.8% 阿维菌素乳油 3 000 倍液，10% 吡虫啉可湿性粉剂 1 500 倍液，3.5% 溴氰·氟虫腈乳油 1 500 倍液，15% 氟虫腈悬浮剂 1 500 倍液，25% 噻虫嗪水分散粒剂 7 500 倍液。药剂应轮换使用，不可随意提高使用浓度。

五 大豆潜根蝇

1. 症状

大豆潜根蝇，又称大豆根潜蝇或豆根蛇潜蝇，是一种严重影响大豆生长的害虫，主要分布于大豆主产区，如东北地区。大豆潜根蝇的危害主要表现为幼虫蛀入大豆根部，阻塞大豆水分及营养物质的传输，导致大豆叶片枯黄、茎秆细弱、营养缺乏，严重时根部烂掉，植株枯死。一般 5 月下旬至 6 月下旬气温高时适宜虫害发生，连作、杂草多以及早播的地块为害重。

2. 发生规律

大豆潜根蝇在东北地区一年发生一代，以蛹在大豆根皮肿瘤内或土壤中越冬，蛹期为 10 ~ 11 个月。越冬蛹于第 2 年 5 月中下旬开始羽化，

6月上中旬为成虫盛发期，6月下旬至7月下旬进入产卵期。成虫体长2.2～3.0mm，呈黑褐色。

3. 防治方法

农业防治：选择抗病品种；及时清除田间病残体，控制侵染源；合理轮作，避免重茬、迎茬；适当晚播，控制播深，实行深沟高畦栽培；增施磷肥或有机肥，合理中耕、深松培土，改善土壤通气条件。

生物防治：利用捕食性昆虫如步行虫、螨类等控制幼虫数量；使用微生物制剂如苏云金杆菌等防治幼虫。

化学防治：大豆出苗后，每天下午4—5时在豆田内选5个点，每个点$5m^2$，观察豆苗上活动的成虫数，如平均每平方米有成虫0.5～1头时，即应喷药。可用50%抗蚜威可湿性粉剂，每亩10～15g兑水50kg喷雾；或用40%乐果乳油或80%敌敌畏乳油，每亩100mL兑水50kg喷雾。

六 大豆二条叶甲

1. 症状

大豆二条叶甲主要危害大豆的子叶、生长点、嫩茎和花。成虫会将叶片食出浅沟状圆形小洞，严重时仅剩叶脉，形成网状；在开花期，它们喜欢食用雌蕊，导致落花，减少大豆结荚数。幼虫则在土中危害根瘤，使根瘤成空壳或腐烂，造成植株矮化，影响产量和品质。

2. 发生规律

大豆二条叶甲在不同地区有不同的发生时间。例如，在吉林，越冬成虫于5月下旬出现，危害刚出土的大豆幼苗；在河南，5月中旬开始危害幼苗，7月上中旬危害豆花；在浙江，越冬成虫于4月上中旬开始活动，4月下旬至5月下旬危害春大豆，6月危害夏大豆，7月中下旬又危害大豆花及秋大豆幼苗。在黑龙江，二条叶甲一年发生2代，以成虫在大豆根部周围5～6cm深的土层中越冬。

3. 防治方法

农业防治：进行秋翻地，消灭越冬成虫。及时清除豆田杂草和枯枝落叶，集中烧毁或深埋。实行与禾本科、麻类等作物轮作2年以上，不要大豆重茬、迎茬，也不要与其他豆科植物（如小豆、绿豆等）和甜菜轮作。

生物防治：保护和引入捕食性天敌如瓢虫、草蛉、蜘蛛等，使用昆虫病原微生物如绿僵菌、白僵菌等防治。

化学防治：使用50%辛硫磷乳油闷种，药、水、种比例为1:40:400。成虫发生后，每亩喷撒甲敌粉或乙敌粉1.5kg；或喷洒5%来福灵乳油2 000倍液，或20%灭扫利乳油2 000倍液，亩用药液55kg。

七 大豆根瘤蚜

1. 症状

聚集在大豆根部及根瘤上吸食汁液，影响根瘤形成和固氮能力，导致植株生长不良，产量下降。

2. 发生规律

一般发生在长江流域以南地区，气候温暖湿润，适宜蚜虫生长繁殖。以卵和幼虫的形式在土壤中越冬。第二年春季大豆播种后，当土壤温度适宜时，越冬卵开始孵化，幼虫通过爬行或随风飘散等方式传播到寄主植物上。在苗期至开花期，大豆根瘤蚜的数量会显著增加，因为此时大豆植株提供的汁液丰富，适合其生长和繁殖。

3. 防治方法

农业防治：合理轮作，避免连作豆类作物；深耕细耙，减少根瘤蚜存活数量；选用抗虫品种。

生物防治：使用天敌昆虫如蚜茧蜂、瓢虫等控制蚜虫数量；施用含根瘤菌的生物肥料，促进根瘤形成，增强植株抗逆性。

化学防治：使用40%乐果乳油800倍液，或40%氧化乐果乳油1 000

倍液喷雾；或亩用10%溴氰菊酯乳油15～20mL，或50%抗蚜威可湿性粉剂10g，兑水40～50kg喷雾。

八 大豆盲蝽

1. 症状

成虫和若虫刺吸大豆叶片、花蕾和豆荚，造成叶片皱缩、褪绿，花蕾脱落，豆荚畸形，导致植株生长受阻，影响产量和品质。

2. 发生规律

一年发生多代，以成虫在枯枝落叶、杂草丛中越冬，春季气温回升后开始活动为害。

3. 防治方法

农业防治：清理田间及周边杂草，减少越冬成虫；合理密植，改善通风透光条件；保持田间湿润，减少盲蝽活动。

生物防治：保护和引入捕食性天敌如草蛉、瓢虫、捕食性螨等，使用昆虫病原微生物如绿僵菌、微孢子虫等防治。

化学防治：在盲蝽低龄若虫期喷施高效氯氟氰菊酯、联苯菊酯等速效杀虫剂防治，或使用阿维菌素、吡虫啉等防治。

九 大豆蓟马

1. 症状

大豆蓟马主要有豆黄蓟马和烟马，又名葱蓟马、棉蓟马。从大豆出苗到结荚期都可发生，成虫和若虫均能危害大豆嫩叶、嫩芽及生长点，尤其以大豆苗期危害严重。大豆蓟马以锉吸式口器在大豆幼嫩组织及叶背面吸取汁液，使叶片受害后出现灰白色斑点，成虫和若虫排出的粪便留在叶面上形成许多小黑点，使叶片逐渐变枯而形成许多褐色斑点。生长点被害后，不能形成真叶，植株出现多头现象或停止生长，逐渐枯死。大豆生长后期危害花器，造成落花落荚，对产量影响较大。

2. 发生规律

一年发生多代，以成虫在土壤、枯枝落叶或温室中越冬，春季开始活动为害，高温干燥气候利于其发生。

3. 防治方法

农业防治：清洁田园，减少越冬成虫，大豆收获后及时进行翻耙消灭越冬场所。干旱期灌水。由于成虫飞翔距离近，远离上年豆地 50m 以外种植大豆，亦可减轻危害。合理密植，加强通风透光。

药剂拌种：用 50% 辛硫磷乳油 20g 或 75% 辛硫磷乳油 15g，兑水 100g，拌大豆种子 10kg，拌匀阴干后播种。

化学防治：当 2～3 片复叶期，平均每株大豆有成、若虫 20 头以上或叶顶皱缩时，即应进行化学药剂防治。可选用 40% 乐果乳油 1 000 倍液，或 10% 吡虫啉可湿性粉剂 2 000 倍液喷雾，亩用药液 60～70kg。喷雾时一定要做到均匀全面，尤其是叶背面要喷到。

十 大豆叶螨

1. 症状

大豆叶螨以成、若螨栖息叶背为害，幼叶受害后出现小斑点，继而失绿，严重时整个叶片变黄、落叶。

2. 发生规律

以雌成虫在缝隙或杂草丛中越冬，次年先在杂草上繁殖，然后再移到大豆上为害。夏季是发生盛期，增殖速度很快，降雨少、天气干旱的年份易发生大豆叶螨。在相对湿度 35%~55% 时适于发生，超过 70% 则不利于发生，高温干旱天气有利于大发生。

农业防治：与麦类作物轮作 2 年以上，可减轻危害，如能水旱轮作发生更轻。清除田间杂草，减少虫源。少量受害时，应及时摘除虫叶。遇有天气干旱时要注意及时灌溉、施肥,促进植株生长,抑制大豆叶螨增殖。

化学防治:选用1%阿维菌素乳油2 500倍液,或8%阿维·哒乳油3 500倍液,20%哒螨灵可湿性粉剂1 500倍液,20%甲氰菊酯乳油1 000~2 000倍液,20%哒螨·噻嗪酮可湿性粉剂1 500倍液等喷雾防治。田间喷药最好选择晴天下午4—7时进行,喷施大豆叶片的背面。

第四节 大豆草害及其防治技术

一 大豆田鸭跖草

1. 形态特征

茎:茎圆柱形,肉质,长30~60cm,下部茎匍匐状,节常生根,节间较长。茎表面呈绿色或暗紫色,具纵细纹。

叶:叶互生,带肉质;卵状披针形,长4~8cm,宽约2cm。叶基部下延成鞘,叶尖短尖,全缘。叶面通常为绿色,部分品种或在特定条件下可能有紫红色条纹。

花朵:花深蓝色,着生于茎顶端或叶腋处,通常为总状花序或簇生。花被片3片,其中两侧的较小,中间一片较大且呈船形,上有两条平行的白色条纹。

果实与种子:蒴果椭圆形,成熟时裂成三瓣,内含多数黑色或深褐色的小种子。

2. 生长习性

生长期:鸭跖草为一年生草本植物,常见于夏、秋两季。

分布位置:鸭跖草常生长于田间空隙、沟边、地头等地,尤其是土壤湿润、光照适中处。

繁殖方式:通过种子繁殖,也可通过茎节处生根进行无性繁殖。

二 大豆田刺儿菜

1. 形态特征

茎：茎直立，通常有棱，高 30 ~ 80cm，茎上可能有白色蛛丝状毛，有时茎基部会有老叶残存的叶痕。

叶：基生叶和中部茎叶多为椭圆形、长椭圆形或椭圆状倒披针形，边缘有锐齿或羽状深裂，叶面绿色，叶背可能有茸毛。叶片质地较厚，边缘有硬刺，这是刺儿菜最显著的特征之一。

花朵：花序为头状花序，顶生或腋生，直径 1 ~ 2 cm。花色多为紫红色或粉红色。头状花序外围有一圈舌状花（雌花），中央为管状花（雄花）。

果实与种子：成熟后的果实为瘦果，呈长椭圆形，表面光滑，褐色，有冠毛。种子随风扩散或随动物活动传播。

2. 生长习性

生长期：刺儿菜为多年生草本植物，春季开始生长，夏季开花，秋季种子成熟，冬季地上部分枯萎，地下根状茎越冬。

分布位置：刺儿菜常出现在土壤较肥沃、水分充足的地段，如田边、沟渠旁、田间低洼处或灌溉渠道附近。

繁殖方式：刺儿菜主要通过根状茎繁殖，也可以通过种子繁殖。

三 大豆田马唐

1. 形态特征

茎秆：直立或下部稍倾斜，呈膝曲状上升，节间中空，通常无毛或节部有柔毛。

叶：线状披针形，叶缘较厚，微粗糙，叶片基部圆形，叶鞘短于节间，边缘常分离而覆盖茎秆，有时叶鞘基部及鞘口有毛。

花序与果实：指状花序，小穗成对着生于穗轴一侧，一个有柄，另一个无柄或具短柄。小穗椭圆状披针形，第一外稃平滑，有7条脉，中脉明显，两侧脉间距离较宽，无毛，边缘有小刺状粗糙；第二外稃近革质，灰绿色，顶端渐尖，与第一外稃等长。

2. 生长习性

生长期：马唐为一年生或多年生草本植物，春末夏初开始旺盛生长，花果期主要集中在6月至9月。

分布位置：常分布于田间各处，尤其偏好土壤疏松、排水良好的地段，如田间缝隙、沟边、路旁等处。

繁殖方式：主要通过种子繁殖，其种子小且数量众多，易于随风、水流或农事活动传播。

四 大豆田芦苇

1. 形态特征

茎秆：茎秆直立、中空，高度1～3m，节间明显，茎秆表面常有白粉，下部茎节处常有纤维状的根状茎。

叶：叶鞘圆筒形，无毛或有细毛；叶舌有毛，叶片长线形或长披针形，排列成两行，顶端长渐尖成丝形，边缘平滑，叶面无毛。

花序与果实：大型圆锥花序，顶生，通常高出叶面很多，花序轴有细毛；小穗含多朵小花，颖片2枚，外稃具芒，内稃具2脊。果实为颖果，包裹在宿存的外稃内，成熟后脱落。

2. 生长习性

生长期：芦苇为多年生草本植物，春季返青，夏季开花，秋季结实，冬季地上部分枯黄，地下根状茎越冬。

分布位置：常见于田边、沟渠、湿地或低洼处，喜欢湿润的土壤环境，常形成群落生长。

繁殖方式：通过地下根状茎横向蔓延繁殖，也可以通过种子繁殖。

五 草害防治技术

(一) 非化学除草技术

1. 农业措施

整地与播种：通过深耕、浅旋耕等整地措施破坏杂草种子层，降低杂草萌发率。适时早播，利用大豆快速出苗、生长的优势，抢占生长空间，抑制杂草生长。

合理密植：增加大豆植株密度，形成良好的群体结构，增强对阳光、水分和养分的竞争能力，抑制杂草生长。

轮作换茬：实行合理的作物轮作制度，如大豆与其他非豆科作物轮作，可以有效打破杂草的生活周期，减少田间杂草种类和数量。

覆盖物：采用秸秆覆盖、地膜覆盖等方式，减少杂草种子接触土壤的机会，抑制其萌发。

2. 人工除草

在杂草早期生长阶段，特别是幼苗期，利用人工拔除或铲除杂草。尤其适用于杂草密度较低或对化学除草剂敏感的地块。

3. 机械除草

利用机械设备进行中耕除草或收割式除草，对杂草进行物理去除。适用于杂草较多或大型杂草地块。

(二) 化学除草技术

1. 播后苗前土壤处理

除草剂选择：根据当地杂草种群、土壤条件、气候特点以及大豆品种对除草剂的敏感性，选择对大豆安全、对杂草高效且对后茬作物无影响的土壤处理剂。例如，黄淮海地区可选用乙草胺、都尔、拉索等防治禾本科杂草；东北地区可选择乙草胺与赛克、广灭灵、普施特、阔草清等混用，防治阔叶杂草和禾本科杂草混发。

施药条件：在土壤湿度适宜、无风的天气条件下施药，确保药剂均匀分布于土壤表层，形成有效的药膜，阻止杂草种子萌发，并使杂草幼芽、幼根吸收药剂而死亡。

2. 苗后茎叶处理

除草剂选择：根据田间杂草种类选择相应的茎叶处理剂。以禾本科杂草为主的大豆田，可选用精禾草克、拿捕净、精稳杀得等；以阔叶杂草为主的大豆田，可选用苯达松、虎威（氟磺胺草醚）、克阔乐等；混生杂草的地块可选用两类除草剂的混配制剂。

施药时期与方法：应在杂草基本出齐，禾本科杂草处于 2～4 叶期，阔叶杂草在高 5～10cm 时施药。使用喷雾器均匀喷洒，避免重喷、漏喷，确保药液覆盖杂草叶片，提高除草效果。

3. 注意事项

安全用药：严格按照农药标签推荐剂量、施用时间和方法用药，防止对大豆产生药害。对于敏感作物，需注意施药地块的后茬种植计划，避免影响下茬作物生长。

环境保护：避免在大风、大雨天气施药，以防药液飘移对周边作物和环境造成污染。施药后及时清洗喷雾设备，妥善处置废弃包装物。

抗性管理：定期轮换使用不同作用机制的除草剂，避免连续多年使用同一类除草剂，导致杂草产生抗药性。

综上所述，大豆田间除草应根据田间实际情况，灵活运用非化学技术和化学技术有效控制杂草，保障大豆的正常生长和产量。同时，密切关注杂草的发生动态，及时调整除草策略，确保除草效果。

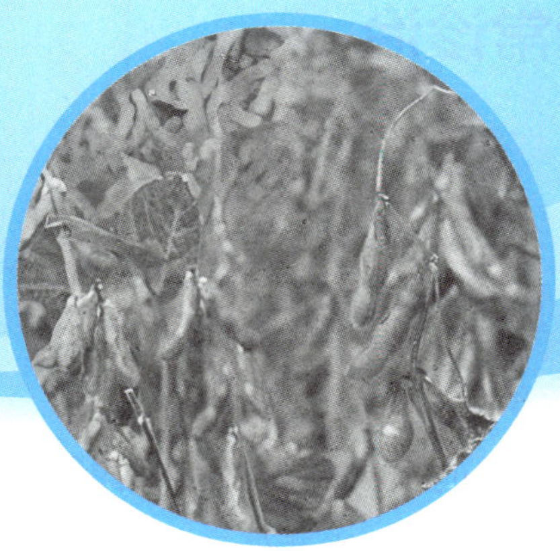

第八章

生长异常及缺素症状防治

第一节　生长异常诊治

一　大豆出苗不好

1.表现症状

出苗不齐：部分种子萌发时间延长，出苗率低，田间出现缺苗现象。

断垄现象：某些区域的大豆出苗明显少于其他区域，形成明显的断垄。

出苗率低：即使种子发芽率测试高，实际出苗率可能远低于预期。

幼苗生长弱：出苗的植株生长缓慢，叶片黄化，根系发育不良。

2.造成原因

种子本身问题：大豆品种质量不合格或种子携带病菌，都可能导致播种后出苗不齐或不出苗。因此，选种时应选择适合当地的正规合格品种。

外界环境条件：土温过低、雨水太多、播种过深等不良环境条件都会影响大豆的出苗率。土壤含水量过低时，大豆种子无法获得萌发所需的足够水分，导致出苗不齐。降雨过少或过多也会对大豆的出苗产生不利影响。

土壤和营养管理问题：化肥使用过多会导致土壤板结严重，影响大豆的正常生长。缺素，特别是缺乏微量元素如锌、铁、锰、钼等，会严重影响大豆根瘤菌的形成，进而影响大豆的生长。

病虫害和连作问题：连续种植多年的老品种或自留种大豆，容易出现播种后不发芽、发芽出苗不齐等情况。连作也会导致大豆发芽困难，苗期枯死或病害发生。

播种深度不当：大豆播种过深会影响种子胚芽自身的顶土能力，导致出苗率下降。

3. 防治措施

确保适宜的播种温度和土壤墒情。选择高质量的种子，并进行适当的种子处理，如包衣或拌种。严格按照推荐的播种深度和均匀性进行播种。避免使用对大豆有害的除草剂，并注意前茬作物的农药残留问题。加强田间管理，适时灌溉和中耕松土，提高土壤的通气性和保水性。采用适当的病虫害防治措施，减少害虫对出苗的影响。

二 大豆茎秆蔓生

1. 表现症状

茎秆伸长：大豆茎秆异常伸长，节间距离增加。

细弱易倒：茎秆细弱，无法支撑叶片和豆荚的重量，容易倒伏。

叶片黄化：由于茎秆细弱，叶片可能无法充分接受光照，导致叶片黄化。

结实率下降：蔓生可能导致花芽分化受阻，影响结实率和豆荚数量。

2. 造成原因

遗传因素：某些大豆品种天生具有蔓生特性，这是由其遗传基因决定的。

光照不足：大豆是喜光作物，光照不足可能导致茎秆伸长，表现为蔓生。

营养过剩：过量施用氮肥可能导致植株营养生长过旺，茎秆细弱。

密度过高：种植密度过高，植株之间竞争激烈，可能导致部分植株茎秆细弱，出现蔓生现象。

水分管理不当：不适当的水分管理，如过度灌溉或干旱，都可能导致茎秆蔓生。

病虫害：某些病虫害，如大豆蚜虫、大豆食心虫等，可能损害植株，导致茎秆细弱和蔓生。

3.防治措施

选择抗倒伏品种：选择具有较强抗倒伏能力的大豆品种进行种植。

合理密植：根据土壤肥力和品种特性，确定合理的种植密度。

平衡施肥：合理施用氮、磷、钾肥，避免过量施用氮肥。

防治病虫害：及时防治大豆病虫害，减少对植株的损害。

加强水分管理：合理灌溉，保持土壤适度湿润，避免过度灌溉和干旱。

三 大豆不结荚或结荚不良

1.表现症状

开花少：植株虽然生长茂盛，但开花数量少。

结荚稀疏：即使开花，结荚数量也较少，荚果发育不完全。

空荚秕粒：结出的荚果为空荚或籽粒不饱满，秕粒现象严重。

植株晚熟：生长后期植株贪青晚熟，生育期延迟，籽粒不能按时成熟。

2.造成原因

品种选择不当：选择的大豆品种不适合当地的气候条件或者播种期不当，如将夏播大豆品种用于春播。

气候因素：高温干旱或低温多雨的天气条件会影响大豆的授粉和受精，尤其在大豆开花结荚期间。

养分不足：土壤中缺乏必要的营养元素，如缺硼、钼等，会影响大豆正常结荚。

施肥不当：过量施用氮肥或施肥时间不当，导致植株徒长，营养生长过旺而影响结荚。

种植密度大：种植过密会影响通风透光，导致光合作用减弱，从而影响结荚。

病虫害：大豆受到病虫害的侵害，如病毒病、食心虫等，也会导致结荚不良。

水分管理不当：干旱缺水或水分过多都会导致大豆结荚不正常。在大豆的需水临界期，即开花结荚期，水分管理尤其重要。

3. 防治措施

合理选择品种：根据当地气候条件选择适宜的大豆品种，并注意播种适宜时间。

均衡施肥：按照大豆的生长需肥规律进行合理施肥，避免过量施用氮肥，注意补充微量元素。

灌溉管理：保证大豆生长期间尤其是开花结荚期的水分供应，避免干旱或过湿。

病虫害防治：及时防治大豆的病虫害，减少对植株和结荚的影响。

四　大豆炸荚

1. 表现症状

荚果开裂：成熟或接近成熟的大豆荚果突然沿腹缝线和背缝线裂开。

种子散落：荚果开裂后，内部的种子散落到田间，造成收获时的损失。

2. 造成原因

遗传因素：大豆品种间存在抗炸荚性差异，某些品种天生抗炸荚能力不强。

环境条件：高温、干旱或不适宜的气候条件可能导致炸荚现象加剧。

水分管理不当：田间水分管理不当，如干旱或过湿，均可能影响大豆荚的抗炸荚性。

栽培管理不当：种植密度过大、施肥不合理等可能导致植株生长不均衡，增加炸荚风险。

病虫害：某些病虫害的侵害可能削弱大豆荚的抗炸荚性。

机械损伤：机械化收获操作不当也可能引起炸荚。

3. 防治措施

选择抗炸荚品种：选用适合当地气候条件且具有较强抗炸荚性的大豆品种。

合理轮作：避免连作，减少土壤病害和养分失衡的风险。

加强灌溉管理：确保大豆生长期间尤其是开花结荚期的水分供应，避免干旱或过湿。

合理施肥：平衡施肥，避免过量施用氮肥，确保养分均衡。

病虫害防治：及时防治可能影响大豆荚抗性的病虫害。

收获管理：适时收获，避免过晚收获导致的炸荚损失。

五 大豆倒伏

1. 表现症状

大豆植株整体或部分茎秆从地面部位发生倾斜、弯曲，严重时茎秆基部折断，使植株完全倒伏于地面。倒伏后的植株，叶片向下覆盖在土壤表面，影响正常的光合作用和通风。随着植株倒伏，根系可能部分或全部裸露。豆荚直接接触地面，导致豆粒发霉、腐烂，或受到土壤病虫害侵染。

2. 造成原因

品种特性：植株高大、茎秆细弱的品种抗倒伏性差。

种植密度大：种植过密，田间通风透光差，植株间竞争激烈，易导致茎秆细弱，抗逆性降低。

水肥管理不当：土壤过湿、氮肥施用过多导致植株徒长，茎秆组织疏松；或土壤干旱，根系发育不良，植株抗倒伏能力减弱。

3. 防治措施

选择抗倒伏品种：种植矮秆、茎秆粗壮、抗倒伏性强的品种。

合理密植：根据品种特性、土壤肥力和气候条件，确定适宜的种植密度，保证田间通风透光。

科学施肥：控制氮肥施用量，增施磷、钾肥，促进茎秆粗壮；合理施用有机肥，改善土壤结构，增强根系发育。

第二节 缺素症状防治

一 大豆缺氮

1. 表现症状

叶片变成淡绿色，生长缓慢，逐渐变黄。褪绿从叶尖向基部扩展，乃至全叶呈浅黄色，叶脉也失绿。叶小而薄，易脱落，茎细长。严重时从下向上黄化，直至顶部新叶。复叶上沿叶脉有平行的连续或不连续铁色斑块。

2. 产生原因

前作施入有机肥少或土壤含氮量低。降雨多，氮被雨水淋失。沙壤土等阴离子交换少的土壤易缺氮。

3. 防治措施

增施有机肥：亩施酵素菌沤制的堆肥或腐熟的有机肥 1 000～2 000kg。

保持土壤湿润：大豆花期保持土壤湿润，但要防止大水串灌、漫灌，避免土壤养分流失。

补充化肥及微量元素：在有机肥不足的大豆产区，补充化肥及微量元素，可防治大豆缺素症。

叶面喷肥：亩用 1%～2% 的尿素水溶液 50kg 进行叶面喷肥。每隔 7 天左右喷一次，共喷 2～3 次。

二 大豆缺磷

1. 表现症状

早期叶色深绿，或呈浓绿、墨绿色，叶脉间失绿，从下向上黄化。叶形小,尖而狭窄,茎硬且向上直立,扬花期和成熟期延迟。开花后叶片有棕色斑点,根瘤少,茎细长,叶厚,狭长,凹凸不平。严重缺磷时,叶脉黄褐色,茎及叶暗红色,之后全叶变黄枯死。

2. 产生原因

田间施用有机肥不足,或地温低影响磷的吸收。土壤中磷素含量不足,或者土壤条件(如 pH 值过高或过低)导致磷素的有效性降低。

3. 防治措施

亩追施过磷酸钙 12.5 ~ 17.5kg;或用 2% ~ 4% 的过磷酸钙水溶液进行叶面喷肥,每隔 7 天左右喷施一次,共喷 2 ~ 3 次。

三 大豆缺钾

1. 表现症状

从 5~6 片叶时即出现症状,中下位叶缘失绿变黄呈"金镶边"状。老叶边缘变黄,逐渐皱缩向下卷曲,叶片中部仍保持绿色,使叶片残缺不全,根系发育不良。在生育后期,上部小叶柄变棕褐色,叶片下垂而枯死。结荚稀少,秕荚、秕粒多。

2. 产生原因

土壤中含钾量很低,不能满足大豆的生长需求;或者土壤中虽然富含钾元素,但大部分钾不能被根系直接吸收利用,导致大豆缺钾。

3. 防治措施

追施钾肥:在大豆生育关键期,如开花期、结荚期,发现缺钾症状时,可追施硫酸钾或氯化钾,每亩 5kg 左右。

叶面喷肥:对于已出现缺钾症状的大豆,可叶面喷施 0.5% 硫酸钾液,每亩 50kg。

四 大豆缺铁

1.表现症状

初期上部叶片发黄且稍有卷曲，叶脉仍保持绿色。严重缺铁时，新长出的叶片几乎变成白色，叶缘附近可能出现棕色斑点。老叶变黄、枯萎而脱落，植株生长受阻，甚至会影响结荚和产量。

2.产生原因

土壤pH值过高，导致铁元素的有效性降低，植物难以吸收。土壤中钙、镁、锰等元素过量，可能与铁元素产生拮抗作用，影响铁的吸收。土壤水分管理不当，如水分过多或过少，影响根系对铁的吸收。

3.防治措施

施用铁肥：用硫酸亚铁进行根外追肥，或叶面喷施0.1%～0.15%的螯合氨基酸亚铁水溶肥。

调节土壤pH值：通过施用有机肥或硫黄等物质适当降低土壤pH值，提高铁的有效性。

平衡施肥：避免过量施用石灰或其他碱性物质，防止土壤pH值过高。

选择耐缺铁品种：在严重缺铁地区，选择耐缺铁的大豆品种种植。

参考文献

[1]何永梅,杨雄,王迪轩. 大豆优质高产问答[M]. 北京:化学工业出版社,2020.
[2]谢甫绨,张玉先,张伟,等. 图说大豆生长异常及诊治[M]. 北京:中国农业出版社,2022.
[3]鲁剑巍,李荣,等. 大豆常见缺素症状图谱及矫正技术[M]. 北京:中国农业出版社,2012.
[4]戴思远,王树义. 大豆生产技术病虫害防治图谱[M]. 北京:中国农业科学技术出版社,2020.